认真对待生活的姑娘
都散发着迷人的光芒

魔女sha sha
台湾新生代两性关系作家
著

中国妇女出版社

图书在版编目（CIP）数据

认真对待生活的姑娘都散发着迷人的光芒 / 魔女 sha sha 著 . -- 北京 : 中国妇女出版社 , 2019.4
ISBN 978-7-5127-1689-6

Ⅰ . ①认… Ⅱ . ①魔… Ⅲ . ①女性－人生哲学－通俗读物 Ⅳ . ① B821-49

中国版本图书馆 CIP 数据核字 (2019) 第 034871 号
北京市版权局著作权合同登记图字：01-2019-0468

简体中文版通过厦门外图凌零图书策划有限公司代理，
经我识出版社有限公司（Taiwan）授权出版发行
《女人，你是个好人，也是个坏人》，魔女 sha sha 著，2016 年，
初版，ISBN：9789866166570

认真对待生活的姑娘都散发着迷人的光芒

作　　者： 魔女 sha sha 著
责任编辑： 应　莹　邢亚丽
封面设计： 主语设计
出版发行： 中国妇女出版社
地　　址： 北京市东城区史家胡同甲 24 号　　**邮政编码：** 100010
电　　话：（010）65133160（发行部）　　65133161（邮购）
网　　址： www.womenbooks.cn
法律顾问： 北京市道可特律师事务所
经　　销： 各地新华书店
印　　刷： 华睿林（天津）印刷有限公司
开　　本： 145×210　　1/32
印　　张： 8.25
字　　数： 180 千字
版　　次： 2019 年 4 月第 1 版
印　　次： 2019 年 4 月第 1 次印刷
书　　号： ISBN 978-7-5127-1689-6
定　　价： 39.80 元

Preface · 作者序

你可以是“好人”，也可以是“坏人”！

从幼年开始，父母总在我们耳边谆谆教导：要成为一个“好女人”就应该温柔一点，要懂得打扮自己，说话要轻声细语，要端庄，要矜持，要……许许多多的规范将女人限制住了，好像做不到这些，就会被归类成坏女人。除了“好”与“坏”，女人似乎就没有其他样子。

进入学校之后，师长们也告诫我们要用功读书，努力一点考上好学校，找到好工作，成为一个好女人，将来找个足以与自己匹配的男人结婚生子过幸福的生活。可是，真正踏入社会之后，我们却发现，即便用尽全力，很多事情做起来也力不从心，似乎不是光靠努力就能如愿的。

职场里，我们总是羡慕别人如鱼得水、升职加薪、登上人生巅峰，而自己虽百般努力，却不得其门，始终庸庸碌碌……

爱情内外，我们羡慕他人的风花雪月，可是自己的爱情之路却走得坎坷，始终无法在芸芸众生中找到生命中最重要的那个人……

婚姻，也不像童话故事里所描述的那样，王子和公主永远幸福地生活在一起。真正走进去才会发现，曾经看似光鲜亮丽的外表下却包裹着各种抱怨争执。你想努力幸福，拼尽全力却难觅法门……

家庭，曾经是你心中的避风港，但当你拥有并真正经营起来，却发现好难。倾尽所有，却不得要领，究竟是自己站错了位置，还是努力的方向错了？你百思不得其解……

好人缘更像是今生与你无缘，总有人让你觉得不痛快，总有冲突发生在你身边。你努力维系友情，努力让所有人感到满意，结果却往往不如意……

那些支撑你梦想的财富，更是来得格外缓慢。你努力赚钱，渴望享受生活，却始终无法找到一个平衡的支点……

情感问题、职场问题、人际问题、生活压力、家庭问题、理财问题……人生中的烦恼太多太多，多到我们很难抓到努力的重点，我们的内心总有困扰、冲突与纠结，我们试图各个击破，却不知从何做起。

为什么你努力了，烦恼还是那么多？

归根结底，是你自我认知不足，你太在意外界的眼光，太固执于一些无谓的坚持。亲爱的，不论是“好女人”还是“坏女人”都没关系，你应该活出不一样的独特人生。

“好”和“坏”由自己认定，外人别插嘴，别指点！

尼采曾经说：“我们无可避免地跟自己保持陌生，我们不明白自己，我们搞不清楚自己，我们的永恒判词是：离每个人最远的，就是他自己……”

希腊古城德尔菲（Delphi）的阿波罗神殿入口处刻有三句箴言，其中影响世人最深、流传最广的一句，就是“认识你自己”。

古希腊哲学家苏格拉底更是把“认识自己”作为自己哲学研究的核心命题。这个世界上，最复杂、最难以理解的，就是自己。

在陆续创作了《女人好人脉，人见人爱》《会说话的女人最迷人》《快乐女人》等系列两性作品后，我收到了许多读者的反馈，她们告诉我：

“Sha Sha 姐，我听你的话想办法当个有人缘的人，可是有人批评我八面玲珑，像个交际花！”

“魔女 Sha Sha，我一直觉得我是个快乐女人，直到有一天我发现我老公有外遇……”

“Sha Sha，我……”

在整理读者的来信后，我发现有些读者虽然受到我的作品影响，选择勇敢跨出舒适圈，给自己一个改变的机会。但是世俗的眼光仍旧将女人限制在一定的范围内，一旦她们的表现超出了这个范围就会被归类为“坏女人”，或是给予“行为不检点”等负面评价。

亲爱的姐妹们，请相信并坚持你们现在的改变，告诉自己，“好”和“坏”该由我认定，不该由外人来插嘴、指点！

因为你难得，所以你值得！

当自我认知不足，你就不知道自己的优点在哪里；

自我认知不足，你就总是会在众多的道路中选一条死胡同；

自我认知不足，你就不明白什么样的人才真正适合自己；

自我认知不足，你就不能防患于未然，把冲突消灭在发生前；

自我认知不足，你就在错误的道路上用了错误的方法努力，竭尽全力却一无所获……

所以，亲爱的姐妹啊，无须在意外界的眼光与评断，也无须随着他人起舞，你应该先认识自己——恋爱中的你、职场中的你、婚姻中的你、理财时的你……认识每一个状态下的自己，确定自己的梦想，不要被他人的成就误导了你前进的方向，无论何时，保持自己独特的姿态。

她有她的神采飞扬，你有你的笑靥如花；她有她的热情奔放，你有你的岁月静好。不嫉妒，不羡慕，保持你的步调和方向，坚定信念去努力吧，争取一片自己的天空。你值得过更好的人生！

你可以为失败找借口，也可以帮成功找出口！

亲爱的，你有认真想过这些问题吗？

- 我擅长什么？
- 我有什么个性特质？

- 我的优缺点是什么？
- 我对于未来有什么规划？
- 我觉得我可以在哪一类工作上做出成绩？

如果你想过这些问题，那你是选择逃避还是面对并找出答案？

或者，你对一切其实都了然于心，却安于现状、不愿改变？

别被自己的心魔打败，让我们一起勇敢地跨出舒适圈，探索最真实的自我，重新认识自己，反思自己，规划人生，在这个勇于展现自我的年代，依据自己的个人特质修正努力的方法和途径，朝设定的目标倾尽全力！将来的你，必然会与更美好的自己不期而遇！

魔女Sha Sha

2016. 10

目录 Contents

Chapter 1

你的魅力来自了解自己

- “好”和“坏”由自己认定，他人意见参考就好
- 不是尽力了，就一定会成功
- 努力很重要，但方向要正确

当我们必须强迫自己改变熟悉的生活方式，那种蜕变的痛苦可能还未开始就让我们心生畏惧——我一定不行！但是如果你太过在意他人的目光与批评，不敢为自己找一个正确的努力方向，便会墨守成规，渐渐老去。勇敢做自己，好坏由你认定！

亲爱的你，不需要勉强自己成为任何人。
花若盛开，蝴蝶自来。
人若精彩，天自安排。

01 “好”和“坏”由自己认定，他人意见参考就好

很多我们认为困难的事情，不过是由于我们没有充分认识到自己的潜力，真正做起来并没有那么难。勇敢去做，勇敢去拼，即便失败，即便不被他人看好，也能从中获取教训。岁月渐长，经验渐丰，你终将成就无与伦比的自己。

同学会，名义上是联络同学感情的聚会，实际上却是一个成功者炫耀自己、普通人寻找资源、失败者激励自己的社会缩影。

然而，在参加高中同学聚会之前，季同并不明白这个道理。国文系高才生的她，一毕业就顺利进入一家杂志社当编辑。她工作很勤奋，但杂志的销量并不好，业绩不断下滑，不过几年工夫，便濒临倒闭。就在季同准备开始找下一份工作时，她收到了高中同学会的邀请。

毕业多年，季同对同学们也十分想念，便欣然如期前往。但是当同学们得知她现在只是一家杂志社的小编辑后，便立即对她失去了兴趣，转而围绕几个事业有成的同学聊得火热。

季同愤愤不平，曾经的同学友谊，在这个现实的世界面前不堪一击，你成功，全世界都会为你鼓掌；你失败，便只

能独自一人躲在角落里舔舐伤口。

平心而论，季同并非不努力，她上班从不迟到早退，工作兢兢业业。但为什么几年过去，还是按月领着微薄的薪资，一事无成呢？

季同觉得是自己入错了行，选错了工作。

没错，在社会高度信息化的年代，文字工作者的处境的确比以往艰难，但是，无论什么年代，无论什么行业，总有佼佼者。为什么别人可以出类拔萃，自己就不行呢？

说到底，还是你不够努力！

这世界，永远有人比你更努力

你为了写出好文章日思夜想、尽心竭力，别人却连续半个月深入现场、做深度报道；

你为了完成工作加班熬夜，晚上十一点下班，别人却为把一个小细节做到尽善尽美而彻夜不眠；

你为卖出一件商品说破嘴皮，别人却不只是销售，更在售出后追踪客户使用心得，做到良好的售后服务……

世界上从不缺乏努力的人，缺少的是肯付出全部心力把事情做到尽善尽美的人。你努力，别人比你更努力。

这个社会很现实，游戏规则却很简单——

你不肯尽力，你沦于平庸；你泯然众人，你不受关注。

你倾尽全力，你出类拔萃；你功成名就，你备受瞩目。

为什么你努力了，没有收获?

都是因为你努力的程度还不够!

即使硬要把原因归结于别人的人脉和资本，你也要明白，那些靠爸靠妈的人也是因为他们的父母曾经倾尽全力，才为自己的子孙赢得了资本。没有资本的我们唯有比别人更努力，才能赶上他们，让我们的孩子将来有爸妈可以靠。

别去羡慕别人的人脉，别人的人脉也大多源于他们的可利用价值；当你自身有价值，散发出光芒，就能很快地建立起自己的人际圈。

最艰难的是第一步，是你敢不敢在黑暗之中忍受寂寞，用尽全力突破自我。

在女儿生病之前，郁阳任职于一家大型企业，担任生产管理部经理一职，工作虽然忙碌，但收入不菲。自从女儿住进医院，高昂的医药费让郁阳开始后悔自己过去生活得太安逸。她开始兼职，每天只睡四个小时，早上再困再疲惫也咬着牙起床上班，因为她没有选择，不能退缩。

渐渐地，郁阳有了自己的资源，她开始建立自己的团队，更努力地打拼。为了产品销路，她打尽所有人情牌，做了许多自己原来连想都不敢想的事。郁阳这才发现自己的潜力远比想象的大。后来，郁阳赚到了女儿的手术费，花钱请看护全心照顾孩子，同时她也靠着累积来的第一桶金赢得了更广阔的一片天地。

很多时候，困难就是灾难，但也有很多时候，困难就是机遇。当你身处困境，无路可退时，便只能倾尽全力，无所顾忌，为自己争取一个未来。

不尽力，你永远不知道自己的潜能有多大

据说有一种竹子，它们的种子被埋入地下之后，三年都不会发芽，但是一旦从土里冒出头来，便会以每天 30 厘米的速度疯长，短短 6 周的时间便可高达 15 米。在寂静的夜里，住在竹林里的人还会听到竹子拔节的声音。有人试图把冒出头的竹子挖出来，却发现竹子在地底下盘根错节，延伸了数百平方米。

原来竹子在三年的时间里不出头，是因为它们把时间花在了“扎根”上。

我们总是抱怨“世界上有才华的人太多，他们的光彩遮盖了我的光芒，所以即便我已经尽力，还是看不到出头之日”，却不知道在平凡岁月里的每一日，他们正竭尽所能地努力扎根，为以后的进步和发展累积能量。

这里所指的尽力不是要你去做那些驾轻就熟的工作。如果一份工作，没有什么难度，你能做，大家都能做，长期累积下来，你也不过是一个熟练的技术人员。想要成功，就一定要突破极限，做别人不敢做、做不来的事情。

“畏惧”是大多数人的潜在心理，一旦某件事情达到我们的极限，需要我们拼尽全力、想尽办法去完成，或者难度、高

度让我们觉得无法完成，那种痛苦的感觉，会让我们从心底产生抗拒，最终连试也不试便选择了放弃。

美国心理医生肯尼斯·克利斯汀曾做过一项研究，他发现，很多小时候很有天赋的人，长大后却庸庸碌碌，没有取得什么成就，是什么原因?

肯尼斯经过大量调查研究后得出结论：天才的碌碌无为，大多因为他们只肯做低于自己真正能力的工作，只肯付出最低程度的努力，这样就不必全力以赴、不会失败，结果也不会让自己失望。也正是这种态度，让他们扼杀了自己的潜能，永远没有机会更进一步，庸庸碌碌地得过且过，最终人生一无所获。

亲爱的你，有没有在某些时刻，因为畏惧而放弃呢?

其实，很多我们认为困难的事情，不过是由于我们没有充分认识到自己的潜力，真正做起来并没有那么难。勇敢去做，勇敢去拼，即便失败，即便不被他人看好，也能从中获取教训。岁月渐长，经验渐丰，你终将成就无与伦比的自己。

真正的成熟是：明知道有些事可能会无能为力，但还是会尽力争取。在能力还撑不起梦想时，我们更要付出一百二十分的努力，去学习，去挑战，就像美国著名脱口秀主持人奥普拉说的，勇往直前吧，跌倒吧，你会从地上看到一个不同的世界。

- 当你自身有价值，散发出光芒，就能很快地建立起自己的人际圈。
- 想要成功，一定要突破极限，做别人不敢做、做不来的事情。
- 困难是灾难，也是机遇。不求退路，倾尽全力，无所顾忌，才能为自己争取一个未来。

02 不是尽力了，就一定会成功

你知道自己擅长什么吗？你觉得未来哪一个行业发展态势最好？你觉得你可以在哪类工作上做出成绩……这些问题，你有认真想过吗？或者，你对一切都了然于心，却安于现状、不愿改变？如果你不敢为自己找一个正确的努力方向，便会墨守成规，渐渐老去。

舒蓓是一所中学的老师，她工作格外努力，在所有老师当中，她不仅备课最认真，批改作业也很仔细，经常忙到晚上九点多还没下班。很多刚进学校实习的老师都把她当作学习的榜样，他们都认为，这样努力的老师，一定也是最受学生喜爱的。

然而事实上，舒蓓给学生留下的印象平平，教学成绩也毫不出色。大家都不明白为什么这位老师如此努力却没有结果，后来听了她几堂课，才发现她讲课真的达到了一种“物我两忘”的境界，完全不顾学生的感受，也不管学生是否真的理解了，自顾自地讲说，内容乏味且空洞。

校长也曾婉转地告诉她，试着学习新的教学方法，然而舒蓓却一脸为难地说：“我这么大年纪，还学什么呢？”

后来，舒蓓生了一场大病，再回到学校，便一直做着后勤工作，负责收发文件等，校长并没有提及让她重返教学岗位。

舒蓓不是不努力，她为工作、为生活、为家人做出的努力甚至让人肃然起敬，然而生活似乎不曾回报给她应有的一切。这样的结局，不是因为她的努力不够，而是因为她畏惧改变，不敢为自己找一个正确的努力方向。

其实，谁的人生没有彷徨。强迫自己改变熟悉的生活方式，那种蜕变的痛苦可能还未开始就让我们心生畏惧：我一定不行——你这样告诉自己。

如果你不敢为自己找一个正确的努力方向，便会墨守成规，渐渐老去。

你的努力需要一个明确的方向

有人说，成功者要靠99%的努力加上1%的运气。事实上，比努力更重要的是，先有一个明确的方向。然而，很多时候，我们面临的选择太多，难以认清方向。

日本经营之神松下幸之助年轻的时候，因父亲生意失败，只读了四年小学。为了减轻家庭负担，他14岁便出来工作，因为尚未成年，加上长期的营养不良，他整个人看起来甚为瘦小，只能去做学徒，领微薄的薪水。后来，松下幸之助对电器产生了强烈的兴趣，他觉得电器产业在未来一定会有更大的发展，于是他开始到各大电器公司应征，但几乎都以失败告终。只有一位电器公司的经理，不忍心直接拒绝他，只是告诉他："我们现在不缺人，也许一个月后会有招聘计划。"

本来只是一句推托的话，松下幸之助却谨记在心，一个月后准时出现在电器公司门口。经理无奈，只好再次推托："最近几天公司比较忙，五天之内是没办法面试新人的。"

过了五天，松下幸之助再一次来到电器公司。经理无奈，于是对他做了一次面试。面试过程中，经理发现，松下幸之助虽然个子矮小，但脑筋灵活，遗憾的是，他没有任何电器知识。于是经理告诉松下幸之助："我们不能聘用你，因为你对电器一无所知。"

两个月后，松下幸之助再次来到电器公司，他对经理说："我已经学了很多电器方面的知识，请您给我一个机会吧！"经理看着松下幸之助，钦佩地说："我在这一行做了数十年，从来没有见过像你一样坚持的人，就冲着你这种精神，我决定录用你。"

就这样，凭借着坚持，松下幸之助终于跨入电器产业，开始了他事业的第一步。他一直坚持在工作中不断学习，日积月累的磨炼之下，终于打造出世界闻名的电器王国。

失败者失败的原因各有不同，但成功者获得成功的方法却大致相同：他们总是能在别人看不到的地方找到机会，总是懂得为自己的努力找一个正确的方向。

你知道自己擅长的事情是什么吗？你觉得未来哪一个行

业发展态势最好？你觉得你可以在哪类工作上做出成绩……这些问题，你有认真想过吗？或者，你对一切都了然于心，却安于现状、不愿改变？

很多时候，舒适的生活让我们安于现状，不肯前行，最终只能在羡慕别人的成功中，度过自己庸庸碌碌的一生。

比别人早走一步，多坚持一刻

某大公司来了两位实习生，一个是研究生晓云，一个是大学生爱华。两人相比，主管更看重学历高的晓云，但是一个月后，主管对两个人的看法却出现了逆转。

晓云和爱华的工作是企划文案，两个人都很认真，也很努力，但是她们处理事情的态度却大不相同。

晓云觉得，自己是新人，来公司首重学习，尽力把工作完成就好。所以每次只是把文案交上去，无论经理怎么改，她都毫不在意。而爱华呢，自知学历不如晓云，便要把工作做得更好。文案被经理改完之后，她还会反复比对原稿和修改稿，弄清楚哪里做了修改，为什么要这样修改，有不清楚的地方便追着经理追根究底。

一个月过后，晓云还是一个进步不多的文案菜鸟，爱华却已经可以独立创作出优秀的文案，她也因此得到了提前转正的机会。

同样是做一项工作，爱华与晓云之所以会产生差距，究其原因，就在于爱华总是肯在完成工作之外，多做一步。

创业也是如此。同样的事情，有的人可以赚得荷包满满，有的人却诸事不顺，一再失败。究其原因，不过是前者在正确的方向上早走了几步，而后者却输在对自己和环境的错误认知，缺少对事物穷根究底以求尽善尽美的精神。

仔细想想，人的一生，真正可以安心奋斗、提升自己的时间，不过是短短的二三十年而已。最显著的例子便是，参加多年后的同学或老友的聚会时，你会发现有些人事业有成，而有些人依然守在原岗位上。一样的起点，为什么会有这样大的差别？不是因为前者天资聪颖，也不是因为后者不够努力，他们可能付出了等量的努力，只是努力的方向迥异。

对于大多数人来说，成功人士的故事可能遥不可及，缺乏借鉴意义，但是无论大事或小事，成功的原因总是大致相同的。用我们擅于思考的头脑，选择正确的道路，再善用个人的天赋，倾尽全力，不畏惧困难，定然可以实现梦想，打造出属于自己的一片天地。

- 强迫自己改变熟悉的生活方式，那种蜕变的痛苦可能让我们心生畏惧，但你必须告诉自己：我一定可以。
- 成功者与失败者的差异在于前者往正确的方向早走了几步，而后者却对自己与环境产生了错误的认知，缺少对事物追根究底以求尽善尽美的精神。
- 成功者要靠99%的努力加上1%的运气。比努力更重要的是，你得先有一个明确的方向。

03 努力很重要，但方向要正确

这个世界上，努力的人很多，积极努力的人却是少数，我们总是抱怨着别人的投机取巧，却也在幻想着用三分的付出得到十分的收获。亲爱的，不要羡慕他人的成就，不要看轻自己的能力，你要付出积极的努力，用更聪明、更有效率的方式赚钱。

庹玮在外地做出租车司机，几年下来赚了不少钱，家里也换了大房子。

邻居季蒙看着庹玮家的大房子分外羡慕，他心想："我也有驾驶执照，开车技术也不错，何苦留在这里赚那一点点微薄的薪水？外面世界那么大，赚钱的机会那么多，不如我也出去闯一闯。"于是，季蒙决定跟着庹玮一起去外地开计程车。

但是，外地的生活并没有想象中的好，季蒙起早贪黑，累到不行，但一个月下来，扣掉基本的生活开销已经所剩无几了。照这样下去，别说赚到买房子的钱了，恐怕连养家糊口都成问题。

季蒙把自己的苦恼告诉庹玮，庹玮想了想，说："这样吧！我今天不做生意，就跟你跑一天，看你怎么做生意。"

早上五点半，季蒙刚出门就载到了第一位客人，客人坐上车，说了目的地，季蒙便跟着导航开车，没走多远，就遇见塞车，季蒙开始对着庹玮叹气抱怨：“昨天就是这样，没走多远就碰到塞车，时间都浪费在路上了……”

好不容易把客人送到目的地，季蒙又返程去寻找下一个客源。

一天结束后，季蒙算了算收到的车费，对庹玮说：“你看，一天就这么点收入。”

庹玮没说什么，只是让季蒙第二天跟着他去跑车。

庹玮也是五点半出门，但是他并没有在附近载客，而是把车开到了一处房屋出租率很高的地方。不一会儿便有客人上车，庹玮笑容满面，很有礼貌地问客人要去哪儿。目的地很近，很快就到了，然后庹玮又去了不远处的另一个社区，接了一位包月熟客到三公里外的一栋办公大楼……这一天，庹玮的车几乎没有空载，也极少遇到塞车，一天的收入是季蒙的两倍多。

晚上一起吃饭的时候，庹玮说：“其实我刚到这里的时候跟你一样，每天就是循规蹈矩地开车，但是很快我就发现这样做是不可能赚到很多钱的，所以我在开车的时候开始慢慢观察，哪个地方叫车的概率比较高，哪个地方的私家车比较多，哪些地段容易塞车，又尽可能地争取到一些稳定的顾客，慢慢就琢磨出了一些门道。所以，兄弟，你想在这里跟别人竞争，光靠埋头苦干是行不通的，你得积极点，找捷径……”

季蒙听了庹玮的建议，经济状况果然得到改善，两年之后也在家乡买了房子。而此时，庹玮已经是一家小型租车公司的老板了。

亲爱的，你是否也有这样的疑惑：同样的工作，同样的背景，为什么总有人赚到比别人多的钱，获得比别人大的成就？究其原因，是他们总是愿意或习惯于付出积极的努力。女人在职场往往已经比男人更辛苦，因此更不能让自己陷在消极的努力中，你要找出有效率的方式，更聪明地赚钱。

我们都要努力，但不能消极努力

人类区别于其他动物的根本，不是直立行走、吃苦耐劳，而是懂得思考，去探索新道路、发明新方法。努力一旦变得积极，得到的就不仅仅是丰厚的回报，更有精神上的享受。

仔细观察一下社会上的成功人士，除了那些暴发户，大多数都是在积极努力的，他们不会一直循规蹈矩，而是时时关注外界动态，分析思考当前情势，并在情势转换后的第一时间有所反应。

曾经蝉联亚洲首富十几年的李嘉诚先生，恐怕无人不知无人不晓。李嘉诚出身普通人家，之所以能获得巨大的成就，就在于他敢拼敢闯，比别人坚持得更久。

李嘉诚的第一桶金来源于塑料花生意。那时塑料工业刚刚在欧美兴起，李嘉诚在推销五金商品时，发现了塑料花的商机，于是立即动身前往生产塑料花的工厂，以工人身份入厂学习生产技术。他很快就摸清了塑料花的生产流程，但是最核心的技术属于公司机密，李嘉诚根本接触不到。后来，李嘉诚分别邀请工厂中的技术人员到餐馆吃饭，言谈之间向他们请教生产技术，没过多久，便大致悟出了塑料花的制作和配色技术要领。

回到香港之后，李嘉诚立刻招聘工人，购买机器，投入了塑料花的研发与生产。为了更快抢占香港市场，李嘉诚选择“以量促产”，也就是以销量带动市场，一举打响长江塑胶厂的名声，即便后来跟风者甚多，长江塑料花依然稳占市场鳌头，李嘉诚从中获利达数千万港币。

后来投入塑料花生产的人越来越多，竞争激烈，李嘉诚立刻认识到市场即将饱和，及时抽身才能避免损失，于是他果断地结束塑料花生意，转而投资房地产，并在地产暴跌之时大量收购地皮和旧楼。后来房产价格水涨船高，李嘉诚将手中的房产迅速售出，转而购买更有潜力的地皮建房来出租出售。结果，李嘉诚靠着超前的眼光、积极的努力以及敏锐的洞察力成为亚洲首富。

有科学家曾把人类的智商分为三类：神经智力、经验智力和反省智力。

神经智力，就是我们做智力测试得到的结果，判断的是一个人的知识结构、储存量等，除了极少数的科学天才，一般人的区别都不大。

经验智力，就是一个人重复去做一件事情能够达到的水准，比如开车经验丰富的人，经验智力总是胜过刚拿到驾照的新手。

反省智力，就是一个人对事情的判断、应对和积极心态，这是把人和人之间距离拉开的根本。反省智力从某种程度上来说如同逻辑思维能力。那些成功的人，比我们强的地方，主要就是反省智力。

在神经智力和经验智力都相仿的情况下，反省智力出色的人往往能获得更优异的成绩。年轻时，我们都得努力，但努力不能只埋头苦干，要有意识地提升自己的反省智力，要主动思考、总结，这样得到的才是宝贵的经验，而不只是经历。

上天是公平的，所谓“天道酬勤”，“酬”的不是像羚羊一样拼命奔跑的人，而是那些总是在思考如何跑得更快或者如何避免再奔跑的人。

别再抱怨自己怀才不遇、生不逢时，你该看看你所拥有的优势与优点，善加利用并发挥，找到适合自己的方向，不要在意他人的眼光或质疑，积极付出，勇往直前。

- 人类区别于其他动物的根本，不是直立行走、吃苦耐劳，而是懂得思考，去探索新道路、发明新方法。
- 工作、生活都是如此，只要有心，你也可以化腐朽为神奇，创造属于自己的绚丽人生。
- 努力一旦变得积极，得到的就不仅仅是丰厚的回报，更有精神上的享受。

Chapter 2

善用你的个性特质
开拓职场无限潜能

- 悲观者：舍悲观拥自信，不设限的人生才精彩
- 挑剔者：过于追求完美，其实并不完美
- 自我者：做自己能做的，问心无愧就好
- 平衡者：平衡自我优缺点，加薪升值更有望
- 冒险家：勇于冒险，也要懂得脚踏实地
- 孤独者：别孤军奋战，善用团队力量

态度决定高度，性格决定命运。女人行走在职场上，怎样避开雷区、走快捷方式？什么样的职业规划更适合自己？怎样才能快速走上人生巅峰……想要解决这些问题，首先得从认识自己、了解自己的个人特质开始。

亲爱的你，不需要羡慕任何人的成就。
找出你独有的个人特质与优点，
善加利用，必会有所收获。

01 悲观者：舍悲观拥自信，不设限的人生才精彩

“那个谁”是主管对她的称呼，她总是那么不起眼，以至于主管始终记不住她的名字。她总是羞涩，每次她和别人说话，别人一看她，她便下意识地垂下头；别人语气稍严厉，她就半天不开心；别人说什么她都唯唯诺诺，不敢反对。

态度决定高度，性格决定命运。职场中常见一种人，凡事都往坏处想，是十足的悲观者，女性更容易出现这种情况。这样的女性大多是羞涩的人，有点神经质，处理事情时优柔寡断，不敢承担责任，遇到事情总是习惯请别人拿主意。无论在职场还是在人际交往中，她们都战战兢兢，唯恐引起别人的不满。但事与愿违的是，她们越是退让越受人欺负，越是谨慎就越容易犯错。

她们的内心世界很丰富，可是外人眼里的她们却相当乏味。她们渴望在职场有所作为，希望有一天也能闯出自己的一片天地。可是，她们的性格已为自己设定了界限，无论他人还是自己，似乎都在说：“你，做不到！”

你真的做不到吗？

不，你可以！

你的不完美，不过是因为过于关注自己

毕业两年，黄玉已经从一个初入职场的懵懂少女变成了可以熟练展开日常工作的职场白领，她可以把手中的工作处理得尽善尽美，完美程度甚至超过那些资深员工。但是，兢兢业业的黄玉却是主管眼中的“隐形人”。

“那个谁”是主管对她的称呼，她总是那么不起眼，以至于主管始终记不住她的名字。她总是羞涩，每次她和别人说话，别人一看她，她便下意识地垂下头；别人语气稍严厉，她就半天不开心；别人说什么她都唯唯诺诺，不敢反对。她做事谨慎刻板，不敢越雷池半步，和客户沟通时总是结结巴巴……

黄玉自己也很懊恼，她也想成为一名女强人，也想在别人面前言行得体，侃侃而谈，也想独当一面，让别人为自己鼓掌；但是，多年来养成的习惯，让她不知从何处开始改变……

黄玉，就是一个典型的悲观者。和大多数悲观者一样，她的懊恼，不过是因为过于关注自己。因为过于关注自己，所以不能容许自己的不完美，不能容许自己在别人心中留下不好的印象。悲观者用“完美”为自己筑起了一扇防守的大门，躲在自己的空间中，不肯相信世界的善意。

不能否认，世界上的确有人缺乏善念，算计别人。面对

这种人，必须严防死守，于是我们告诉自己“防人之心不可无”。但是当心理处于过度防御状态，我们便会对周围的人敬而远之，与任何人接触，总是反射性地担心：我的言行是否得体，他会不会算计我，我的一言一行会不会成为别人的笑柄……久而久之，把自己变成了一个无法与人正常交流沟通的人。

所以，我们接下来要做的，就是卸下心防，提升自信，从心理上接受自己，接受自己的不完美——这才是改变现状、走出职场泥淖的关键。

增加自信，接受不完美的自己

悲观者多缺乏自信，总是觉得自己凡事都做不好，看不到自身的优点，担心自己不能给别人留下好印象。而事实上，任何人都有自己的优点和缺点，只关注自己优点而忽视缺点的人，必定会自傲自大，而只关注自己缺点却看不到自己优点的人，最后只会流于悲观、畏首畏尾。所以，你首先要做的，就是放下对自己的偏见，多欣赏自己的优点，即便言行不当，也一笑而过，慢慢地心情自然就放松下来了。

陈静，曾经也是一个悲观者。在她的眼中，别人都是能干的超人，言行举止各有特色，也都相当得体，更显得她自卑、羞怯、没有自信。但是一次出差的经历却让她改变了对自我的认知。

陈静与同事杨晨同住一个房间，杨晨说自己的手机一直无法上网，请陈静帮她看看。陈静接过手机，两三下就解决了问题，原来一向精明的杨晨居然忘记打开网络开关！

傍晚，陈静回到酒店要向经理汇报工作，走到门口，透过虚掩的房门，陈静看见在工作上一向呼风唤雨的经理居然正在专注地抠脚。

后来，陈静渐渐明白，无论处在什么位置，大家都只是普通人，都有自己的小缺憾和不完美，她与别人的区别就在于她太渴望展现完美的自己。

她不敢正视别人的眼睛说话，是因为对自己说的话缺乏信心，怕被人找碴儿。

她与人聊天找不到话题，是因为她总想给别人留下好印象，但涉猎又不够，总担心说错话。

当然，有时候她也可以很流畅地跟别人交谈，那多是因为她面对的，是很熟悉或者跟自己同一层次的人。

其实就算面对的是层次比自己高的人又如何呢？说错了，做错了，就把它们当作提升自己的动力，出糗总比做个连自己都嫌弃的隐形人好。

从此以后，陈静敢说也敢做了。做错了，说错了，就哈哈一笑，她终于再也不把别人视为洪水猛兽了。

提升自己，与世界握手言和

“你永远都不知道拥有一个开朗、有趣的朋友多么重要！”曾经的胆小鬼、现在的开心果秦楠在谈及自己一年来的转变时，这么说。

秦楠初到公司时，总是沉默寡言，但是身边的于果却相当乐观，讲起话来幽默生动，妙语连珠，经常逗得秦楠哈哈大笑，两个人成了好朋友。受到于果的感染，秦楠也渐渐开朗起来。她从于果身上学到的，不仅是乐观的精神，还有说话之道及如何自嘲化解尴尬。

秦楠开始敢在公众场合主动与人聊天，她也可以把陌生人当作一个许久未见的朋友，以尊重、平等的心态与对方说话，她的生活开始丰富起来。

后来，身边没有了于果，秦楠也依然可以把工作和人际关系处理得很好。现在的她已经不是以前那个容易钻牛角尖、凡事悲观的她，充满自信与阳光笑容是人们对她的第一印象。

行走职场，首先要做的，就是不怕出错，放下自己的心理防线。因为在职场中，做好工作才是最重要的，你可能词不达意，可能紧张害羞，但是这也是你真实可爱的一面。所以，别太在意他人的目光和言语，放松下来，你终将成为心中所希望的自己，加油吧！

- 放下对自己的偏见，多欣赏自己的优点，即便言行不当，一笑而过就好。
- 卸下心防，提升自信，接受自己的不完美，这样才是改变现状、走出职场泥淖的关键。
- 别把周遭的人视作洪水猛兽，放松下来，你终将成为心中所希望的自己，加油！

02 挑剔者：过于追求完美，其实并不完美

职场中，有很多挑剔者，他们小心、勤奋、追求完美，却因为太过追求完美而浪费许多时间，所以，一定要克服追求完美的心理，先要去做，去完成，之后再去把它尽量修改到完美。因为追求完美而拖拖拉拉，除了让自己痛苦的情绪延长，并没有什么帮助。

在同事和上司的眼中，你是一个做事勤勉刻苦的人，为人谨慎，处处小心，兢兢业业，总是试图把手中的工作处理到完美。但是同时你也是一个只肯在自己舒适圈内努力的人，不愿意做没准备好或超出自己舒适圈的事情。仔细想想，你的职场之路是否极少受到他人批评，一路走来还算顺遂，却一直没有晋升的机会？这是因为你欠缺了勇于突破现状和冒险的精神。

你勤奋，就是真的在努力吗？

过于追求完美，容易陷入拖延泥淖

为什么我们习惯性地追求完美实际上会导致拖延呢？主要是因为我们的能力还不足以使事情达到预想中的程度。

心理学上有个词汇叫“心理舒适区”。每个人都有自己的“心理舒适区”，它可以帮助我们建立心理防御屏障，我们的舒适区决定了我们对外界信息的接纳度。在心理舒适区的范围内，我们会觉得很放松，很乐意去做一些事情，可以掌握自己做事的节奏。

但是如果我们所面对的事情超出我们的心理舒适区，那么，首先降临的，便是“恐惧”。思维能力强或心理承受能力强的人，可能很快便会有所突破，扩大自己的舒适区，以实际行动应对困难；而心理素质差、思维能力弱的人，则会陷入保守、懒散、故步自封之中，一旦需要他们打破心理舒适区去接触新事物、尝试新工作，他们就会极为痛苦。

比如让一个高中生独立完成一篇论文，这就是一项远远超出他心理舒适区的任务。心理素质差的人，可能还没有开始便放弃了；或者他开始去做，但中间遇到的种种困难，总是让他产生痛苦的感觉，最终，不是痛苦地完成、增长知识，便是痛苦地放弃、一无所获。

很多时候，面对一些有难度的工作，我们同样希望做到完美，正是这种高期望容易造成行为受挫，受挫又会产生痛苦感，不得不改变、不得不完成，却又总想逃避、拖延，结果就是浪费时间，最终在痛苦中完成。

其实，我们面对的事情往往并没有想象中那么困难，我们想拖延、想逃避的，只是那种痛苦的感觉，而不是事情本身。

有效工作的秘密：立刻去做

曾经在杂志上看过这样一个故事。耶鲁大学艺术团演员安妮雅在一次演讲比赛中说到自己的梦想：毕业以后，先去欧洲旅行一年，然后进入世界级艺术殿堂——纽约百老汇，成为一名有成就的演员。演讲结束之后，她的老师找到她，问道："你今天去百老汇跟毕业后去有什么差别？"安妮雅仔细想了一下，认为大学生活并不能帮她争取到进入百老汇的机会，于是安妮雅决定一年后就去百老汇。

老师又问她："你现在去跟一年后去有什么不同？"安妮雅认真思索了一会儿，对老师说，她决定下学期就出发。老师继续问："你下学期去和今天去，又有什么不一样？"安妮雅呼吸急促起来，她想到辉煌的舞台和一直梦寐以求的红舞鞋，决定下个月就前往百老汇。老师又问："你一个月后去和现在去有什么不同呢？"安妮雅更加激动，她说："我想……我想准备一下，一个星期后就出发。"老师语重心长地说："所有的生活用品在纽约都能买到，你一个星期后去和今天去有什么区别？"

安妮雅终于下定决心："好，我明天就去纽约。"安妮雅抵达纽约时，百老汇的制片正在筹备一部经典剧目，数百名来自世界各地的演员都来争取演出主角的机会。制片方宣布，首先要从几百人中选出十人，然后让这十人表演一段主角的戏份，最后选出一名优胜者。

安妮雅得知了消息，立即报名，然后设法从一位化妆师那里打探到要演出的剧目。之后的两天，安妮雅一直闭门演练。等到面试的那一天，安妮雅并没有像制片人要求的那样介绍自己，而是希望进行一分钟表演。在得到制片人的许可后，安妮雅将自己精心排练的剧目惟妙惟肖地表演出来，生动、真挚，毫不做作，表演一结束，制片人立即通知工作人员结束面试，因为安妮雅就是他一直在寻找的主角。

就这样，安妮雅实现了进入百老汇的梦想，这比她的计划提前了好几年。

实现梦想，我们总是觉得自己还需要更充分的学习才能着手实行；处理一项工作，我们总是习惯于做好万全的准备才肯行动，结果怎样呢?

因为一直觉得能力不够，我们始终没有为实现梦想而行动；为了做好完全的准备，我们浪费了大量的时间，非要等到不能再拖时才去完成，反而连一点儿完善的时间也没有。

职场中，最容易出现的坏习惯，莫过于明明已经计划好的事情，到行动时却畏首畏尾，不敢前进。越是追求完美，越是没有信心，最后误了工作，影响了情绪，还浪费了时间。

所以，亲爱的你，接受自己的不完美吧，首先去完成，然后再去完善，这才是正确的工作流程。从主观上正视痛苦和失望，问自己即便做错了最坏的后果会怎样，然后接受它，事情永远不会糟糕到无法解决的地步，与其痛苦，不如立即解决、完成。

当然，最根本的，还是得从认知上更正自己的思维习惯，告诉自己，过于追求完美就是逃避，逃避的行为不仅不会减少痛苦，还会让痛苦增加。

现在的你，是希望自己在完美主义的泥淖里痛苦挣扎，还是勇敢突破自己，找到一个更广阔的世界？

- 过于追求完美是一种逃避、自卑的表现，不但不会事半功倍，反而会增加痛苦。
- 不要太在意他人的眼光，克服追求完美的心理，先要去做，去完成，之后再尽量修改到完美就好。
- 凡事无须想太多，鼓励自己要有突破现状的勇气和冒险的精神。

03 自我者：做自己能做的，问心无愧就好

职场之中，受到一些歧视、遭到不公正的待遇、上司厚此薄彼之类的现象并不少见，所谓公平的那把尺，并不是由我们来决定，我们认为的公平公正，可能对另一个人来说，就是不公平，所以，智慧如你，得从思想上改变认知。

有一种女人，她们有智慧，谨慎且谦虚，在工作上相当有天赋，可以很有效率地完成工作；为人机敏，很容易便能处理好与同事们的关系；她们待人诚恳，但同时也希望自己的诚心付出能得到朋友同样的回报，如果朋友不能忠诚待她们，她们会很难接受；她们追求公平，不能容忍不公的存在。可是职场之中，怎么会有绝对的公平呢？

相信世界上大多数人都一样，憧憬天公地道，向往付出便能得到相应的回报。但是，所谓公平的那把尺，却不是由我们来决定，我们认为的公平公正，可能对另一个人来说，就是不公平。所以，智慧如你，得从思想上改变认知。

执着追求绝对的公平，只会伤害自己

公司来了几个实习生，有两个女孩首先引起了大家的注意。这两个女孩，一个叫卞婉，一个叫容蕾。卞婉机灵活泼，嘴巴又甜，很快便赢得了公司多数人的好感。在大家忙着加班的时候，她总是会不时地帮忙递东西、倒水，发现谁的工作需要支持，也会立刻赶过去帮忙。大家都说卞婉个性好，情商又高，等实习结束必定会转为正职。

相较之下，容蕾则显得比较内向，大家会注意到她是因为她是一个富家千金。虽然家里有钱，但容蕾并没有丝毫大小姐的脾气，她总是很安静，如果不是别人喊她，她可以一直坐在座位上一声不响。上司交代给她的事情，她也只是安静认真地做完。当然有时候她也会找别人帮忙，比如有处理不了的问题，或者不太明白的地方。

几个月后，卞婉和容蕾都参与了公司的一个珠宝文案设计，两个人都充满干劲，加班完成了任务。经理仔细地看完两个人交上来的文案后，表扬了卞婉几句，说她有进取心之类的，便不再提了；而让容蕾去修改她文案中的几个小细节，也就是决定采用容蕾的文案。

从经理办公室出来后，容蕾立即去修改文案，而卞婉，则深深地叹了口气。同事们都安慰她，说她第一次写文案，能达到这样的水平已经很好了。

可是卞婉依然情绪低落，她委屈地说："我也是不自量力，容蕾是富家千金，她买的珠宝恐怕比我见过的都多，写起来自然游刃有余了。唉，说到底，我也只是个普通人家的小孩，怎么能跟容蕾相比呢？"同事们都劝她别在意，以后还有很多项目可以做，下次努力就是了。

但是卞婉并没有在以后的工作中脱颖而出，每一次失利，她总能把原因归咎在不公平上，比如遇到的客户特别难缠、领导分配的工作特别困难等。总之，她永远看不到容蕾为完成工作所付出的努力，而把自己失败的原因归咎于各种客观的不公平。久而久之，这种她在心中不断描绘出来的不公平，真的让她自己心理失去了平衡。

可是，这世界本就是不公平的啊，一个出身皇室的公主和一个贫民之家的女孩，在人脉、资源、见识、认知等方面可能天差地别，想要和公主站在同一个高度上，必定要付出更多的努力。人这一生，本就是要尽自己最大的能力，把命运不公的杠杆慢慢地扳平，甚至倾向自己这一边。

后来，为了摆脱这种她认为的不公平，卞婉做了更错误的事，她抄袭了别人的文案，被公司发现后直接辞退。临走之时，卞婉愤怒地说："我不过是想在这场不公平的竞争中扳回一局，我有什么错？"

职场之中，受到一些歧视、遭到不公正的待遇、上司厚此薄彼之类的现象并不少见，如果因此而消极愤懑，为自己找一个不必勤奋的理由，那么受害的最终还是自己。

受到不公待遇时，别只是忍耐

很多时候，困扰我们的不是事情本身，而是我们对事情的看法。面对不公，要么改变自己，要么选择离开。

每一家公司都有自己的企业文化，就算同一家公司内，不同的部门计量的标准也不尽相同。你进入一个公司，就是成为这个团队的一员，就得明白，公司的每一个人因为分工的不同，权利和资源也会不同。例如业务部可以根据绩效结算薪水，而在办公室工作的人却不能按照工作量来计算薪水。这时如果觉得不公，你要做的，便是调整自己的心态，因为你的工作性质决定了这种不公平的存在。如果想要打破这种不公，那就努力吧，让上司看到你的能力和成绩，争取升职加薪的机会。当然，也有可能你认真勤奋地在同一个岗位上工作了好几年，最后上司却让一个进公司一年的同事升了职，你再次遭到了“不公平”的待遇。但是这种“不公平”可能对升职的同事和公司来说却是公平的，因为上司考虑的是公司整体的绩效，你考虑的只有你自己。

如果你仔细查证之后，发现自己真的是遭遇了不公，比如上司与升职的同事是亲属关系，而那位同事并没有什么本事，那你就可以越级投诉，有理有据地述说自己认为的不公平。如果这种不公平还得不到解决，这时你就可以做出选择：要么忍气吞声继续留下来工作，要么就果断离开另找一份工作。

某涂料公司的营销总监即将退休，公司打算从几位地区营销经理中选一位继任营销总监。这几位经理之中，大家都认为妮可是最合适的人选，她在公司工作时间最长，业绩也最亮眼。但是，最后老总却决定让另一位地区经理佩姬担任营销总监一职。

佩姬到公司不过两年时间，工作表现是不错，可是业绩却远远落在妮可之后。妮可愤愤不平，问老总为什么不提拔她。老总很淡定地安慰了妮可一番，然后说，佩姬虽然销售成绩不如你，但是她的脑筋灵活，看事想得远，做事有勇有谋，更适合这个职位。或许你觉得这不公平，但是站在公司的角度来说，这就是公平的。

妮可知道事情已没有转圜的余地，公平的标尺不是为她而定的，是为公司而定的。明白了这些，妮可便辞职了，去了一家注重绩效的公司，很快便升到了总监的位置。

其实，无论是在职场还是在生活中，我们都得遵从游戏规则，别只站在自己的角度追求公平，不然痛苦的还是自己。即便是面对显而易见的不公，在当时无力改变现状的情况下，我们要做的也是接受它，然后通过努力解决这种不公，或者找一片对自己相对公平的乐土。

- 很多时候，困扰我们的不是事情本身，而是我们对事情的看法。
- 这世界本就是不公平的啊，唯有尽自己最大的能力，付出更多的努力，把命运不公的杠杆慢慢地扳平，甚至倾向自己这一边。
- 在职场中遇到不公平的事情时，不能消极愤懑，甚至把它当作自己不必勤奋的理由，否则受害的最终还是自己。

04 平衡者：平衡自我优缺点，加薪升值更有望

每个人都应该把自己当作一个品牌来经营，让别人一旦涉及你所属的行业范围，就会立即想起你，就像提到智能手机，我们会立即想到iPhone；提到连锁超市，我们会想到大润发；提到休闲食品饮料，会想到统一；等等。这就是品牌的力量。

在同事们心中，你是一个亲切和蔼的人；在员工心中，你是一个有亲和力、体贴又能谅解他人的主管；在上司的眼中，你是一个有活力、有魅力、有趣又能脚踏实地的员工。你能将职场的人际关系处理得很好，也受到上司的器重，唯一缺少的，大概就是一个耀眼的工作成绩。

拥有核心竞争力，打造自我品牌

现代社会竞争激烈，从小开始，身边的家长和老师们就要求我们凡事力争第一，但是，随着年龄的增长，我们脱离了小团体，接触到更大的社会，面对的竞争对手也越来越多，越来越强大，习惯于事事争第一的你是否开始感到疲惫。仔细想想，费尽全力去争个第一，真的有必要吗？职场之中，做

到唯一，比第一更重要。

骏祥公司有四名设计师，但是每次老板遇到大工程，首先就会想到万雅，因为她的设计能力最强、效率最高、客户最满意。而其他三位设计师，工作虽然很少出错，却没有什么能拿得出手的成绩，所以他们做的，也只是那些相对简单、回报率较低的工作。

其实万雅一开始能力并不突出，但是她明白既然做了这一行，就要把技术研究透彻，这样无论到哪里工作、到什么年纪，都是一个不可替代的设计师。所以在完成工作之后，她并没有像别人一样选择休息，而是学习更多的专业技能，看到同事的作品有精彩的地方，也会去研究，久而久之，便成了公司不可或缺的人。

技术人员的核心竞争力在于他的技术，那么营销或者服务人员该怎么打造自己的核心竞争力呢？那就要依靠自己的服务特色、营销策略及精益求精的产品。

如果你喜欢吃寿司，那一定知道小野二郎。全日本只有两间三星级的寿司店，其中一间，就是小野二郎位于银座办公大楼地下室的寿司店——数寄屋桥次郎。每年都有来自世界各地的美食爱好者来到这间举世闻名的寿司店，很多人在吃过之后都会感慨这是“值得一生等待的美味”。

小野二郎的寿司店里，没有固定的菜单，他们都是选用当天最好、最新鲜的食材，再根据选定的食材订制菜单并确定当日主厨订制菜。店里也没有别的品类，只有握寿司。

为了给客户最好的用餐体验，小野二郎永远都以最高标准要求自己和学徒，从食材、制作到入口瞬间的感觉，都要做到精益求精。

小野二郎握寿司的时候，会仔细观察自己的每一位顾客，根据顾客特点微调寿司：如果用餐的是一位女士，他会把寿司握得略小；如果用餐的是一位左撇子，他就会变动寿司的摆放位置……小野二郎把全部的热情倾注在寿司上。为了保护制作寿司的双手，小野二郎不工作的时候永远戴着手套，连睡觉也不例外。面对采访镜头，小野二郎说："我们不在乎钱，只想做出最美味的寿司。"

想吃到小野二郎的寿司，至少需要提前两个月订位，但还是有大批的食客纷至沓来，究其原因，就在于小野二郎已经把自己塑造成一个世界顶级的寿司大师。

核心竞争力，再进一步，就是品牌。每个人都应该把自己当作一个品牌来经营，让别人一旦涉及你所属的行业领域，就会立即想起你。就像提到智能手机，我们会立即想到iPhone；提到连锁超市，我们会想到大润发；提到休闲食品饮料，会想到统一，等等。这就是品牌的力量。

不要批评公司，只要做好自己

某家企业新进了一名员工，这位员工针对公司的相关问题写了一封万言书，大到公司战略方针，小到厕所卫生，都提出了修改意见。总裁收到信后，立即打电话给人事部，建议辞退这名员工。

为什么员工的一腔热血却让总裁大为恼火呢？

原因很简单，每家公司都有自己的企业文化和企业发展战略，这也是公司赖以生存的根本。不在其位不谋其政，总想站在战略高度对公司指手画脚的员工，不能认同公司的根本，自然不能为公司所容忍。

季芳刚进公司的时候，负责公司的资料统计，这项工作很琐碎，但是她从来不曾厌烦或抱怨。两个月后，季芳发现资料统计程序有一些不足之处，每次都要花费很多人力去计算，于是她连续一周加班钻研，在原有的程序上稍作改动，使得统计效率大大提高，季芳也因此得到了公司的认可，给主管留下了聪明、有创意的好印象。

一家公司，需要的不是对公司指指点点的大指挥家，而是能帮公司解决问题的实干者。所以，现在写下你下一阶段的目标，并开始为之努力吧！

第一步，你得明白自己距离目标有多远，需要提升或具备的技能是什么。比如希望升职成为部门主管，那你就得有更为出色的成绩和审视全局的眼光。

第二步，将你在实现目标过程中可能遇到的阻碍写下来。在实现目标的过程中，遇到一些困难是在所难免的，这些时候，一定不能打退堂鼓，而应以积极的心态解决它们，你会发现解决这些困难比你想象中要容易得多。

第三步，把你的目标分解成一个个小目标，再为这些小目标设置一个时限，在规定的时间内完成它。这样做可以有效抑制我们的“拖延症”。

表面上的努力也很重要

鲁林是一家餐厅的经理，这家餐厅生意非常好，每到用餐时间，店门口总是大排长龙，很多人在等位置，有些客人等得不耐烦，便追问服务生到底还要等多久。

每一次，鲁林都会立刻让服务生进到餐厅去确认，看看楼上楼下是否有空位，大约还需要多久便有客人可能离开。虽然他明知道里面没有空位，却还是这么做，为什么呢？因为他是在用行动告诉客人：你看，我已经很努力地在帮你找位置了，人多，没有空位，我也没办法，如果有人走，我会马上让你进去……

客人见经理已经尽力了，也就不好意思再说什么，只能安静地等待了。鲁林所做的，不过是表面上的努力。

表面上的努力，在职场同样适用。主管考察员工，45%是看他的工作成绩，55%则看他的工作态度，所以，表面上的努力也很重要。

说了这么多，无非是想告诉大家：女人行走职场，具有核心竞争力尤其重要，其次是打造自己在客户、上司心目中的形象，给老板一个努力勤奋的好印象。做到了这些，升职将指日可待。

- 只有你认同公司的企业文化和发展战略，你才能发自内心地为公司付出，公司也才会接受并重用你。
- 不需要事事争第一，而是打造自己的核心竞争力，让自己成为唯一。
- 把自己当作一个品牌来经营，让别人一旦涉及你所属的行业领域，就会立即想起你。

05 冒险家：勇于冒险，也要懂得脚踏实地

我们总是想在年轻时便有所作为，总想凭借着尚未丰满的羽翼振翅高飞，但是这个世界没那么简单，别太把自己当回事儿，虚心做人，踏实做事。凡事循序渐进，才能慢慢实现目标，否则即便梦想再远大，也会像美丽的泡沫一样，一戳就破。

你是一个很有主见的冒险家，一个天生的领导者；你行动力强，愿意为自己的理想付出全部努力，即便失败也不会气馁；你是个很有魅力的人，别人羡慕你、欣赏你，也愿意跟随你。但是上天同时也给了你容易冲动的个性，在很多时候，你还没有完全准备好便开始行动，导致遭遇风险的概率偏高。所以，职场中的你，首先要脚踏实地，你要有远大的梦想，更要有详细的规划及切实的行动。

聪明的你，需要一份更踏实的职业规划

一个女孩捡到了一枚鸡蛋，兴冲冲地赶回家。走在路上时，她想：这个鸡蛋过二十一天便会孵出一只小鸡，小鸡长大了又会下许多蛋，又会孵出许多小鸡，将来就会有一个很

大的养鸡场，以后我可以靠卖鸡蛋赚来的钱买漂亮的衣服，参加王子的晚会，最后成为王妃……想到这里，女孩高兴得跳起舞来，结果不小心把手中的鸡蛋掉在地上，鸡蛋摔碎了。这下女孩傻眼了，她的小鸡、养鸡场、漂亮衣服、王子的宴会全都成了泡影。

故事很简单，却也很深刻。我们总是说，生活不止眼前的苟且，还有诗和远方。可是如果我们没有立足当下，那么梦想只会是摔烂在地上的鸡蛋，最终一无所获。所以，无论你的梦想是大是小，都要立足于现实，认清手中的筹码，看清脚下的路。

苏珊渴望成为一名小提琴演奏家。为了实现自己的梦想，她不肯从事任何跟音乐无关的工作，每天只是待在家里练习或不断地参加各种比赛。好在她家境优裕，父母并不干涉她追逐梦想。

后来，苏珊爱上了一个有妇之夫。恼怒之下，父母中断了对她的经济支持，苏珊穷困潦倒，沦落到在街头拉小提琴。

过了一阵子，经朋友的介绍，苏珊开始教小学生练琴。在困苦生活的磨炼下，苏珊执着于梦想的观念改变了，对音乐的理解也产生了很大的变化，她不再渴求花哨的技巧，而是在演奏时倾注更多的情感。几年之后，脚踏实地的苏珊终于成了一名出色的小提琴演奏家。

张爱玲说，出名要趁早。所以我们总是想在年纪轻轻的时候便有所作为，总想凭借着尚未丰满的羽翼振翅高飞，结果呢？往往是躲不过地球引力，重重地摔在地上。

这个世界没那么简单，别太把自己当回事儿，虚心做人，踏实做事。凡事循序渐进，才能慢慢实现目标，否则即使梦想再远大，规划设计得再好，也会像美丽的泡沫一样，一戳就破。

在没有准备好之前，把梦想推远一点

比尔·拉福出生于一个小康家庭，他的父亲是洛克菲勒集团的一名高级职员，耳濡目染下，比尔中学还未毕业便显露出他在商业上的天赋——机敏果断，有创造力。但他缺少商业知识，也没有经验，于是父亲鼓励比尔去学习经济，将来做一名成功的商人。

但是，比尔并没有像父亲所希望的去报考经济学，他选择到麻省理工学院学习机械制造。比尔的这个决定让父亲大惑不解，他质问比尔："难道你忘记自己要成为一名成功商人的梦想了吗？学机械制造不是把你的理想推得更远了吗？"

面对父亲的质问，比尔很平静地告诉父亲，商贸之中，工业商品占了绝大多数，如果没有充分的专业知识，就没办法了解产品性能等各种细节，贸易过程中也很容易被别人欺骗；而且工科学习可以帮他建立一套严谨的思维体系，让他能脚踏实地地展开工作，这些都是从事商业活动的基本素质。父亲听了比尔的解释，不再干涉他的选择。

大学四年，比尔不仅学到了他希望学习的知识，也广泛地涉猎了化工、建筑、电子等方面的知识。这些知识对他以后的经商活动都有着巨大的帮助。

大学毕业后，比尔没有立刻投入商场，他又到芝加哥大学读了三年的经济学。在这三年时间里，比尔对商业规律、规则和各种要素有了更清楚的认识。

在钻研经济学期间，比尔还特意到一家私人学校学习了和经济相关的法律，熟悉了会计、财务相关业务。拿到硕士学位后，比尔依然没有经商，他考上了公务员，去了政府有关部门工作，因为这里是一个人学习处事规则、了解别人心理的最好处所。

五年之后，比尔辞去公职。此时他已养成老成持重、遇事不动声色的个性，这为他在后来的商业活动中沉着应对各种问题打下了良好的基础，工作期间累积的大量人脉也为他以后从事的商业活动提供了良好的条件。

之后，比尔用了两年时间到美国通用公司工作，因为表现突出，成绩斐然，公司决定升他为副总经理。可比尔却毅然辞职，创办了拉福商贸公司。此时，比尔已经是一个 35 岁的中年人。

因为经历了之前一连串的努力与学习，比尔的生意发展得非常顺利，拉福商贸以飞快的速度发展。20 年后，拉福商贸的资产已经从创业时的 20 万美元发展到 200 亿美元，比尔·拉福成就了一个商业奇迹，也成为各种商业教材的典范。

关于比尔·拉福的成功，2011 年诺贝尔经济学奖得主托马斯·萨金特在他的书中这样评论道：“急于求成往往不能成功，而适当推远理想反而是备战人生的最佳方式，比尔所拥有和依赖的，就是这种独特的智慧。”

从比尔·拉福的例子我们就能看出职业规划的重要性。为你的梦想制定详细的实践步骤，并坚持一步一个脚印地去完成它们，坚持到底，你终究会实现自己的理想。曾听过这样一句话：成长是一辈子的马拉松，每一步都要踏踏实实地去跑，每一件事都要认认真真去做，稳中求进，才能走得更远，收获更多。

这句话对我影响深远，也送给每一位正在为梦想努力打拼的你。

- 没有立足当下，梦想只会是打烂在地上的鸡蛋，最终一无所有。
- 无论你的梦想是大是小，都要立足于现实，认清手中的筹码，看清脚下的路。
- 急于求成往往不能成功，而适当推远理想反而是备战人生的最佳方式。

06 孤独者：别孤军奋战，善用团队力量

每个人都有自己的优缺点，你觉得上司没本事，看不起他，但是他能做你的上司，必定有他的过人之处。别总觉得别人圆滑世故，也别拿自己的优点和他人的缺点比，试着多观察别人的优点，善用团队的力量，才能达到事半功倍的效果。

你是一个有才华又有能力的人，也是一个有较强的自信心、喜欢挑战、敢于超越自己的人。同时，你还是一个有强烈支配欲和控制欲的人，希望别人能跟上你的思路和步伐，眼里容不下半粒沙，缺少人情味，在职场中是一个让人敬而远之的角色。

也许你总觉得别人不能跟上你的步伐，看不惯别人的工作作风，可是，身处职场，你确定自己什么事情都能独立完成吗？你确定自己事事都能胜过别人吗？

现在开始，试着把自己的步调放慢，仔细审视一下，别人身上的缺点，真的有你认为的那么多吗？

看不惯？换个方式想一想

梓洛最近换了一个新工作，新公司在业内比较出名，环境、薪资都不错。唯一让她不满的是，她觉得自己的经理是个空壳子，没本事，只会说大话、拍马屁。有一次，督导到他们部门检查时发现一个纰漏，经理马上解释说，新人刚来，对工作还不熟悉，以后自己一定好好调教，保证不会再出现这种问题了……

梓洛一听，这不摆明把所有的问题都推到她身上了吗？这个黑锅她可不能背，于是当着督导的面和经理辩解了一番，声明这个纰漏跟自己没有丝毫关系。经理的脸一会儿红一会儿白，幸好另一位同事把责任揽在自己的身上，才化解了尴尬。

事后，梓洛把自己的愤懑一股脑儿地向好友方馨诉说。方馨是另一家公司的人力资源主管，她静静地听梓洛说完，问了梓洛一个问题：

“在一个部门里面，员工是不是应该听从上级的安排？”

梓洛沉吟了一下，点点头，说：“可是……”

没等梓洛说完，方馨就打断了她的话：“一个部门，就是一个团队，每个人都有不同的分工，上司要做的，就是制定团队努力的方向，保证团队正常运作，维护整个团队的利益。督导来检查，发现纰漏，经理能做的，就是将这件事情的影响降到最低，这时候以你的经验不足来做借口，对整个团队来说，风险最低……

“没错，这对你很不公平，可是社会上哪有绝对的公平？你不肯背下这口黑锅，结果呢？除了闹得同事不和、上司不满，还让整个部门在督导心中形象大打折扣……”

梓洛沉默了，但她的脸上还是有不忿之气。

方馨又说道：“每个人都有自己的优缺点，你觉得经理没本事，看不起他，但是他能做你的上司，必定有他的过人之处。别总觉得别人圆滑世故，也别拿自己的优点和经理的缺点比，你试着多观察别人的优点，也许看法会改变。”

过了一段时间，梓洛很高兴地告诉方馨，她终于发现了经理的优点，那就是经理的企划能力比较强，经他改过的方案，总经理几乎都是一次通过。而且部门里只要有同事工作出了差错，都是经理帮忙圆过去，从此，梓洛再也不和经理做对了。

职场中有些人虽有才华却不受欢迎，就在于他们总是习惯恃才傲物，从不惧怕人际冲突，结果破坏了整个团队中的和乐氛围，影响了团队工作的完成。

行走职场，除了有能力，还要有合作精神，关注团队中其他人的感受，这样才能实现职场中个人与团队“1 + 1 > 2”的双赢，而不是团队与个人“1 − 1 = 0”的双输结局。

好团队会放大你的优点，缩小你的缺点

有位成功人士曾经说过，多数人都认为最好的团队是刘备团队。刘备能笼络人心，关羽、张飞、赵云能征善战，诸葛亮谋略出众，这样的团队，拉出去到哪儿都能打下一片江山。然而事实上，世界上最好的团队却是唐僧团队。

刘备团队固然是千年难得一遇，然而一个团队里全是精英，很容易造成谁也不服谁、内讧严重的局面，反倒不利于发展，而且本事大的人对所服务的团队多半不会忠心，这样的团队迟早会拆伙。

反观唐僧团队，则踏实得多。唐僧从表面上看没什么能耐，只会念经和取经，但是他能对员工充分授权，又能把握取经的大方向不松懈，就是一个高明的管理者。孙悟空最有本事，一个人打败了取经路上遇到的80%的妖精，是典型的精英人才。猪八戒吃得多做得少，看似没什么本事，却是团队里的润滑剂，有了他，团队才有了生气。沙和尚就是基层员工，看起来似乎没有什么了不起的才能，却是团队的中坚力量，很多小事、细节都要靠他来完成、完善。唐僧团队有着坚定的目标，约束了大家的缺点，又给了每一个人发挥自己才华的余地，是一个最理想的团队。

从某种程度上来看，孤军奋战者很像孙悟空，有本事，

有进取心，眼里却容不了一粒沙，不擅长处理人际关系。这样的人才，如果不能遇到一个让他臣服的领导者，便会成为团队中不受欢迎的鸡肋；如果让他做领导者，则会让员工感受到很大的压力，制约团队的发展。所以，我们得先认识自己，调整自己的心态，多注意和别人的配合与交流，少些愤世嫉俗，多些理解包容。

调整心态，积极建立良好的人际关系

身在职场中切记别孤军奋战，纵使你具有很强的行动力，也可能因为独自作业而忽视了许多问题，使人际关系紧张，缺乏人脉。不妨参考看看下面的建议，让自己更好地融入团队，获得更大的发展。

1. 学会劳逸结合

习惯单打独斗的你总是有着最强的执行力，你可以为了工作全力以赴，废寝忘食，不达目的，誓不罢休，但另一方面却不懂得让自己放松和减压，反而容易造成健康隐患。其实，将工作和生活区分开来，给自己适当的放松空间，不仅有助于释放压力，更有利于提升效率。

2. 减轻给别人的压力

习惯独立作业的你，对成功的迫切感和快节奏的工作方式，常常会让同事们倍感压力，你习惯于指挥别人而不顾及别人感受的做法也让人很反感。其实，做事缓和细致更容易成功，需要向他人说明情况的时候，礼貌地征询一下他人的意见更容易得到他人主动的支持。

3. 别总觉得自己无所不能

你再才华出众，也不能否认每个人都有自己的做事方式；你优点再多，仍会有缺点存在。所以，当你觉得心中愤愤不平时，记得尊重他人的工作，看到他人的优点。

4. 学会倾听，学会道歉

在职场中人际亲和力不强的孤军奋战者想要赢得他人的支持和认可，首先得学会倾听他人的意见，了解他人的想法，不要把自己的意志强加在他人身上。如果做了错事，或者伤害了他人，也要记得及时诚恳地向对方道歉。

5. 互助合作，包容体谅

当你慢慢学会和团队合作，开始能够接受他人的帮助时，也千万别忘了要回馈对方，当他需要协助时，你可以及时伸出援手，这样的团队合作效益，远胜于孤军奋战。大家在一起工作的过程中，难免有摩擦，但这正是学习包容与体谅的好时机，可以让自己越来越融入团队中，创造出更多值得骄傲的成绩。

千万别忘了，每个人都有自己存在的价值和意义，不必妄自菲薄，也不必妄自尊大，善待自己，尊重别人，善用团队的力量，可以让我们事半功倍地达成目标。

- 纵使你具有很强的行动力，也可能因为独自作业而忽视了许多问题，使人际关系紧张，缺乏人脉。试着让自己更好地融入团队，获得更大的发展。
- 既能约束大家的缺点，又给了每一个人发挥自己才华的余地，这就是一个最理想的团队。
- 无论自己的才华多么出众，都要懂得尊重他人，倾听他人的意见，善用团队力量，努力实现“1 + 1 ＞ 2”的双赢。

Chapter 3

恋爱不恐慌，向单身说拜拜

- 恐惧型恋人：别让无谓的担忧葬送了你的爱情
- 亲密型恋人：保持空间与距离，让爱加温
- 安全型恋人：偶尔给爱情一点刺激，才能保持热度
- 疏离型恋人：兼顾事业与爱情，让你更充满魅力
- 保姆型恋人：你要的是爱人，不是多一个孩子
- 控制型恋人：控制好你的欲望，以免亲手杀死爱情

爱情内外，我们总是羡慕别人的风花雪月，又感慨自己的爱情命运多舛。芸芸众生中，谁才是与你最契合的人？我什么时候才能邂逅生命里最重要的那个人？为什么明明很相爱的两个人，却躲不过分手的结局？

亲爱的你，不需要羡慕任何人的爱情。
两个人很美好，一个人也很自在，
懂得爱自己的女人最美丽。

01 恐惧型恋人：别让无谓的担忧葬送了你的爱情

曾经怯懦胆小的她，在爱情面前，每一步的蜕变都需要她付出十分的努力，但是她咬牙坚持了下去，因为她知道，灰姑娘只有穿上了高跟鞋，才有与王子共舞的资格，她要用自己的努力，换来一生的幸福。

你是一个容易紧张的人，凡事总是想太多，没有十分的把握绝不出手，即便是面对自己喜欢的人，也犹豫不决，不敢表白。一旦开始谈恋爱，又会陷入另一种极端，总担心对方会对自己有所不满，为了消除这种担忧，你会做很多事情来讨好他，但是结果往往并不如意。如果你的恋人爱你，他会为你心疼，会觉得沉重；如果他不爱你，会把你踩在脚下，你倾尽所有最终也只会落个曲终人散。这样的结局是你想要的吗？

这世间，美好的爱情总是人人向往，可是你得明白，一份理想中的感情，需要双方的努力。总是习惯逃避的你，面对喜欢的人，能够勇敢说出自己的爱并努力去追求吗？

喜欢就要勇敢在一起

当容容与和盛的婚讯传来时，所有人都跌破了眼镜。一个是怯懦平庸的普通女子，一个是玉树临风的职场精英，从不被看好的爱情，怎么就开花结果了呢？在婚礼上，容容向好友坦白了恋爱始末，在场的人顿时都感慨万千。

容容与和盛结识于一场培训会，坐在听众席的容容，一眼便喜欢上了站在讲台上的和盛。但她知道自己一直是一个很普通的女生，没有显著缺点却也没有什么值得他人欣赏的显著优点：她长相一般，称不上美；个性怯懦，从不敢在公众场合说上一句话，因为害羞，也极少参加各种聚会。这样一个女孩，怎么看都与和盛不是同一个世界的人。

可是 28 年来一直怯懦的容容这次却决定改变自己。面对和盛，她不敢当面告白，于是她就写信。在网络如此发达的现在，写信是一种看似老土却又弥足珍贵的表达方式。容容的另类立刻引起了和盛的注意，但是当他见到容容之后，却打了退堂鼓，这女孩是很可爱，却不是自己喜欢的类型。他只当她是普通朋友。

可是容容并没有退缩，她依然如常地持续写信给和盛，内容五花八门，不只局限于倾诉自己的仰慕之情。和盛渐渐地发觉容容其实是个很有趣的人，他也开始回信给她，两个人越聊越投机，最后容容如愿以偿地做了和盛的女朋友。

初战告捷的容容并没有就此懈怠，她开始努力让自己成为一个配得上和盛的女人：学习穿衣打扮，试着在很多人面前讲话，学习更多的专业知识……

每一步的蜕变都需要她付出十分的努力，但是容容咬牙坚持了下去，因为她知道，灰姑娘只有穿上了高跟鞋，才有与王子共舞的资格，她要用自己的努力，换来一生的幸福。曾经怯懦胆小的容容，在爱情面前，终于完美地蜕变了！她最后收获的，不仅是王子的爱情，还有远比过去优秀的自己。

世上从来没有不劳而获的幸福，好的爱情总是可以让一个人变得更加幸福和优秀。亲爱的你，愿意与自己的内心握手言和，鼓起勇气，为一份美好的感情，也为一个更好的自己，努力蜕变吗？

想得越多，幸福越少

她终于还是要去参加同学会了。

翟意看着樊秋对着镜子试衣服，心里很不是滋味。

翟意与樊秋相恋两年，但他一直摸不透女友的心思，有时候她很热情，对他呵护有加；有时候似乎又对他爱理不理，一忙起来连他的电话都不接。他一直怀疑樊秋只是把自己当作前男友的替代品，因为他们都是高个子、小平头、白皮肤。之前翟意还能把自己小小的心思隐藏起来，但是当他得知樊秋要去参加同学会之后，便再也不能让自己平静下来了，因为樊秋的前男友就是她的大学同学。

久别重逢，他们会不会旧情复燃，这是翟意最关心的问题。他很想问问女友到底在哪里聚会，她的前男友会不会去，但又担心樊秋会把他看作心胸狭窄之辈……心中的千头万绪只变成了一句话：同学会什么时候结束？我去接你好吗？

樊秋只是漫不经心地回了一句：“不用，散会之后我还要和几个好朋友去逛街……”翟意听了心里更加不安了，他甚至有点恼怒，为什么女友不肯坦诚一点儿，把一切都告诉他呢？

其实，翟意这么胡思乱想已经不是第一次了，有时候他也会把自己的担心或疑惑说出来，但是每次都被樊秋指责“小心眼”“一个大男人，整天胡思乱想，你不累吗”。翟意其实觉得很累，但他不知道该怎么去应对眼前的这种情况。

恐惧型的恋人在爱情里最容易犯的一个错误，便是缺少安全感。他们往往对爱情抱有很高的期望，当期望得到回应，他们的爱情信念便更为笃定，但是一旦他们发现自己得到的爱情和想象中不同时，便会从心底生出恐惧。虽然理智告诉他们事情并不是这样，但还是会忍不住把爱情往最坏的方向想。翟意的表现便是如此。

如果爱情中的你也有这样的想法，那么你应该立即找一件可以让自己分心的事情，比如一份兼职，让自己忙碌起来，让自己没有时间去多想，你的精神也会比较放松。或者，努力让自己变得更优秀，让自己变得更有自信，坚信对方并非不爱你，并了解自己在对方心中的重要性，这样，这些困惑便会烟消云散，你的爱情就能轻松惬意。

相爱的人，必须并肩同行

聂涵与方朔，一个是才貌出众的外语系校花，一个是玉树临风的理工科才子，可谓是一对珠联璧合的情侣，大家都非常期待看到他们携手步入礼堂。但就是这样一对被所有人看好的准夫妻，竟然在结婚前夕分手了。

说起自己失败的爱情，聂涵哭得梨花带雨。原来，大学毕业之后，方朔决定继续攻读硕士研究生，出身优越家庭的聂涵为了更好地照顾方朔的生活，甘心做他背后的女人。她放弃工作，搬去与他同住，为他做饭、洗衣，甚至帮他准备洗澡水。没事可做的时候，她便逛逛购物网站、看看电视，或者索性睡上半天。久而久之，曾经光彩照人的才女渐渐成了不修边幅的宅女，两个人之间越来越没有共同话题。有时候聂涵也会与方朔沟通一下复习的进度，但两三句后，两人就无话可说了。

方朔不是不爱聂涵，但聂涵全然忘我的付出让方朔觉得有点儿喘不过气，他让聂涵不必天天围着他转，可以去找一份工作。可是聂涵却说，一个月辛辛苦苦赚来的那点薪水，连替自己买双鞋都不够，还不如就这样待着。“你能成功，我就心满意足了！”聂涵总是这样说。

后来，方朔考上了研究生，也结束了他与聂涵的爱情。他说，他并不是陈世美，只是现在的聂涵已经不是当初的样子，与她在一起，他压力太大。

诗人舒婷这样阐述她的爱情观：我必须是你近旁的一株木棉，作为树的形象和你站在一起。根，紧握在地下；叶，相触在云里。

爱情，有时候真的就像抓在手中的沙子，你越是恐惧得要抓紧它，它流失得越快。我们总感动于传统故事里为爱情自我牺牲的伟大，可是现实终究是现实，你想要与亲爱的人携手共赴人生路，不能靠你紧握的双手，而是在他大步前行时，你能跟得上他的脚步，懂他，欣赏他，既能风雨里相互扶持，也能分享成功的喜悦。并肩而行的感情，才能长长久久。

- 爱情，有时候就像抓在手中的沙子，你越是恐惧得要抓紧它，它流失得越快。
- 亲爱的你，愿意与自己的内心握手言和，鼓起勇气，为一份美好的感情，也为一个更好的自己，努力蜕变吗？
- 爱情，不是努力就能够获得的，痛定思痛，好好审视自身，也许你会重新为自己的爱情找到一条生路。

02 亲密型恋人：保持空间与距离，让爱加温

古人曾说，势不可使尽，福不可受尽，规矩不可行尽，好话不可说尽。凡事用到尽头，便很容易发生逆转。感情世界也是如此，过于亲密的爱情，容易让人喘不过气，在不断磨合中受到伤害，再美好的爱情也会进入坟墓。

你是一个热情的人，一旦爱上一个人，就会全心全意地对他好，直到他也爱上你。热恋中的你，总不吝于自己的甜言蜜语，你希望能与对方时刻厮守，一日不见便如隔三秋，会心疼他的每一次小失落，但是，过犹不及，尤其在爱情面前，毫无保留的爱与情感，更需要克制。

没有距离的爱，难以长久

你喜欢看魔术表演吗？

魔术师用他的那双巧手，为我们呈现一个十分精彩的世界，让人叹为观止。可是，如果真的洞穿了魔术的秘密，一切都会变得索然无味。你会发出“哦，原来是这样，不过如此”的感慨，然后再也不想继续观看同一个魔术了。

蔓蔓小时候并不明白这个道理，她是一个心里永远藏不住事、又永远在做梦的女孩。她非常喜欢魔术，以至于梦想着将来能嫁给一位魔术师。

后来，她真的找到一位魔术师男友，他为她表演各种精彩的魔术，惹来她各种惊叹。她热烈地爱着他，爱着他的魔术，为此宁肯旷课跟随他到各地演出。魔术师也为能拥有一个忠实的女友和粉丝而欢喜不已，两个人耳鬓厮磨，连排练时也不例外。

然而，随着时间的流逝，蔓蔓看到魔术师穿帮的机会也越来越多，她几乎洞察了他所有魔术的秘密。渐渐地，厌倦了魔术表演的她开始发现他身上的各种缺点，他浪漫，但同时也散漫；舞台上他风度翩翩，私下里却坐卧无状……那些曾经闪烁着光芒的优点渐渐淡去，缺点浮出水面，蔓蔓与魔术师的爱情就在亲密无间中寂然死去。

其实，这世上，有哪个人没有缺点呢？

每一个成年人，都懂得在外人面前展示自己有修养的一面，而隐藏自己的缺点。只有在自己的空间里，才能随心所欲，尽情释放自我，而一旦有人闯进了这个空间，则必然陷入一种尴尬的境况：不加掩饰可能会引起对方的反感，而掩饰又会让自己觉得很累。这就是人们总是说“相爱容易，相守难”的原因。

现实生活中，我们总能发现，有些夫妻相濡以沫，从来不吵架，而另一些夫妻，却陷入各种大小纠纷中，原因是什么呢？或许就在于前者总愿意给彼此一定的空间，而后者却因相互了解而试图改变对方。

涂满了色彩的画作往往不是上品，懂得留白的画家才能画出杰出的作品，爱情里也是一样。彼此之间毫无距离的爱，往往会让双方产生摩擦，受到伤害。

给你的爱情留白

古人曾说，势不可使尽，福不可受尽，规矩不可行尽，好话不可说尽。凡事用到尽头，便很容易发生逆转。感情世界也是如此，过于亲密的爱情，容易让人喘不过气，再美好的爱情也会进入坟墓。

急性子的佟瑜与慢性子的杨波恋爱时，几乎所有人都唱衰他们的爱情，这样的两个人，节奏完全不同，怎么可能长久呢？

但是出乎所有人意料的是，佟瑜和杨波无惊无险地度过了两年的热恋期，眼看就要步入婚姻的殿堂。在结婚前夕的饭局上，杨波向一众好友道出了自己与佟瑜和谐相处的秘密。

杨波一毕业就进入自家的家族企业工作，而佟瑜并没有跟随杨波一起进去，她另外找了一份工作，虽然辛苦，但甘之如饴。杨波的父母有时候也会明里暗里劝说佟瑜进自家公司，毕竟一家人在一起，总比聘请外人来得安心，但每次都被佟瑜婉拒了。

两个人下班之后总会去看看电影或是吃饭，无论什么时候都有聊不完的话题，大到行业趋势、经济动态，小到工作状况、各种八卦，绝不冷场。佟瑜从不查看杨波的手机，她了解他，也相信他。

而杨波，也总是尊重佟瑜的各种决定，就算有时候觉得她做事情太草率，也只是礼貌性地给出建议，把最终的决定权留给她自己。

当然，他们也都会做错事，但是面对对方的失误，他们都会选择安慰几句，便一笑而过，绝不抱怨唠叨。

因为他们懂得在爱情中给彼此空间，所以总能在急切中缓步前行，在热烈中保持冷静，在浪漫中保持务实，在自主中保持忠诚。

亲密有间，爱情留白这样做

很多人都听说过两只刺猬的故事，它们在寒冷的冬天里瑟瑟发抖，只能选择抱在一起取暖，但彼此却被对方身上的刺扎得鲜血直流，最后它们总算找到了一个合适的距离，既不会太冷，也能温暖彼此。爱情里也是如此，世界上没有完全契合的两个人，每个人都有自己的个性和棱角，与其在亲密中相互伤害，不如给彼此留出空间。

尊重对方的隐私权

每个人都有自己的小秘密，比如曾经受过的伤、做过的糗事、交往过的对象、存有的私房钱。不说出来，不是因为不爱对方，而是因为没有必要。这时，我们得有一颗包容的心，只要对方的秘密不妨碍双方的情感，不会阻碍家庭的建立，我们就应该给予尊重。爱情可以自私，但绝不是对另一方的绝对支配和了如指掌。

在爱情面前，保留几分理智和清醒

亲密型恋人容易陷入激情之中失去理智，但是，真正长久的爱情，除了激情，更需要相互独立，还有平等、尊重和关爱。越是热恋，越要保持清醒，要敢于面对彼此的优缺点，这也是由恋人升华为夫妻的必经之路。

永远记得保持独立

健康的婚姻，是建立在独立的人格基础上的。你们必须为自己的婚姻高度负责，但同时也应该保有自己独立的个性，有自己的工作，有稳定的经济基础，不攀附，不依附。尊重对方也赢得对方的尊重，给自己也给情人留一点空间。爱他，也不迷失自己。这样的爱，更能历久弥新。

- 懂得在爱情中给彼此空间，所以总能在急切中缓步前行，在热烈中保持冷静，在浪漫中保持务实，在自主中保持忠诚。
- “相爱容易，相守难。”在爱情中不要试图改变对方，让其配合自己，学着接受对方的优缺点，在两人之间找到相处的平衡点。
- 每个人都有自己的小秘密，不要强迫对方告诉你，学会包容与体谅，他会更爱这样的你。

03 安全型恋人：偶尔给爱情一点刺激，才能保持热度

无论是恋爱还是婚姻，永远不要指望另一个人对你不离不弃。长长久久的爱情与婚姻都需要用心经营，男女之间的情感保鲜也需要现实条件的支撑，要金钱，也要赏心悦目。你想得到新鲜如初的爱情，就得付出持之以恒的努力。

你是一个成熟的女人，你拥有理智的爱情观，知道什么样的异性比较适合自己，所以总能与对方友好相处，妥善处理与对方的关系，尊重对方，欣赏对方，又能让双方保留隐私。从某种程度上说，你是理想的恋爱对象。但是，人生漫长，你得懂得人性经不起考验，爱情需要时时保鲜，只有这样才能在爱情的世界里如鱼得水。

当多巴胺消失殆尽，爱情还能否炙热

当史萱与纪然步入恋爱的第三个年头时，他们已经熟悉得如同左手与右手，可以感受到彼此的温暖，却再也没有当初的激情，生活平淡得有些让人厌倦。史萱再也不像从前那样娇柔害羞，纪然也毫不掩饰自己的大男人个性，他们的生

活开始出现各种争执。

纪然下班回来得早，却从来不肯做饭，每次都要史萱风尘仆仆地赶回来为他洗手做羹汤。恋爱时他们习以为常的相处模式现在却让史萱满怀怨愤，她升职了，工作忙了，根本没办法再像从前那样照顾他的生活起居。

而习惯了被照顾的纪然，身材胖了一圈。他心安理得地享受着史萱辛勤的付出，却不肯像从前一样给予赞美。饭后的他们依然各自忙碌：纪然忙着打电子游戏，史萱则忙着洗洗涮涮、打扫房间。

“你就不能少玩一会儿游戏，帮我做点儿家务吗？”史萱每次怒发冲冠却换来纪然的漠然以对，他的游戏正玩得如火如荼，哪有时间做什么家务！一怒之下史萱拔掉计算机电源，换来纪然的横眉怒目。

诸如此类的争执，几乎每隔一段时间就要上演一次，相爱的两个人，最终还是躲不过爱情的魔咒，选择了分手。

科学研究认为，当两个人产生爱情时，他们的身体里会分泌出一种叫作“多巴胺”的激素，多巴胺使两个人陷入热恋状态，难分难舍，一日不见如隔三秋，让人尽享美妙滋味。

但是多巴胺这种物质在人体内存在的时间并不长久，最长也只能保持 4 年时间。当多巴胺消耗殆尽，两个人便会从激情中清醒过来，彼此的优缺点开始被客观正视，更多的现实被摆上了台面。曾经他因你的貌美如花而心动，如今的你是否依然美丽动人？曾经你为他幽默风趣的个性所吸引，现在的你，是不是依然不改性情？当初被刻意缩小的缺点，如今是否已经显露得让人无法忍受？

为什么那么多曾经深爱的恋人无法走入婚姻的殿堂，究其根本，就在于我们的爱情，不曾保有当初的新鲜。

容貌与身材是重要的爱情保鲜剂

爱情中的男女，总是格外容易发胖。小蝶和小禄就是如此，他们的日常，总是伴随着逛街看电影吃夜宵。不过短短半年时间，小蝶就胖了十几公斤，当她站在体重秤上眉头紧皱时，小禄搂着她的腰，甜蜜地说："没关系，你胖得像猪一样我也不会不要你……"随之而来的，是两个人的追逐嬉笑。

毕业之后，小蝶做了自由撰稿人，每天窝在计算机前手指飞舞，从早到晚。小禄偶尔来看她，看着不修边幅的小蝶，也只是皱皱眉头，默默地为她收拾房间。他们已经很久没有出去逛街看电影，为了生活，他们都忙。

当小蝶结束了一个阶段的工作，看着满室的狼藉，突然想起，小禄好像许久都没有来过了。小蝶决定去他的公司找他吃午餐，准备给他一个惊喜。小禄很快地出现了，他依然笑得灿烂，可是，他的手里却牵着另一个女孩，小蝶忽然觉得眼前一片昏暗……

小禄一眼便看到了小蝶，他下意识地松开女孩的手，迟疑片刻后，又重新挽起。他挽着女孩走到小蝶面前，坦率地说：“对不起，我已经不爱你了，我为我的背叛向你道歉。”

小蝶很想像一个泼妇一样冲上去与他们撕扯一顿，可是她做不出来，她只能默默走开。

人心就是这么残酷，总有喜新厌旧的本领，当我们还沉醉于曾经的海誓山盟时，对方也许已经在另一个人耳边重复同样的话。永远不要指望另一个人对你一生不离不弃，长长久久的爱情与婚姻都是需要用心经营的，男女之间的情感保鲜也需要现实条件的支撑，要金钱，也要赏心悦目。

这么说或许肤浅，但在成人的世界里，美貌与身材是获得他人好感的直接要素：你美你帅，你做错事便情有可原；你丑你胖，即便有才华也未必能被人迅速认可。能够取悦我们的，最直接的刺激就在于感官。

爱情里的势均力敌，大约便是甜蜜过后，他能继续赚钱养家，你也依然貌美如花，爱情与面包兼具下的爱情方能长长久久。

始终用心，维持你的情趣和修养

永珍与浩然相爱 10 年，一直甜甜蜜蜜，虽然有时也会有小争执，但总是可以轻松化解。在婚前派对上，谈及爱情持久的秘密，永珍说，他们的爱情并没有大家想象中的那么坚贞不渝，不过是两个人都愿意用心经营这份感情罢了。

和所有的男生一样，浩然也十分热衷计算机游戏，沉迷的时候连厕所都不肯去，永珍喊他，他也不回应。永珍有时生起气来，会故意关掉电源，然后摆出一副无辜的架势：“哎呀，不好意思啊，我不小心的，抱歉哦！”

浩然看着她那副无赖的样子，又好气，又好笑，只好说：“算了，看在你不小心的份儿上，原谅你！”

永珍马上眉开眼笑地说：“那既然停下来了，不如一起做饭吧，你上次做的红烧狮子头好好吃，我好怀念哦……”

浩然与永珍的日常，和一般的情侣其实没有太大差异。关键在于他们从不依仗着彼此的爱肆意妄为，而是更懂得给彼此空间，懂得相互赞美和鼓励，他们总有本事把平淡的日子过得有情趣。

无论是在恋爱时，还是在婚姻里，相爱的两个人都应该以真情相互温暖，以修养滋养对方，在对方付出时表达感激之情，在对方生气时及时沟通。永远不要觉得两个人在一起时间长了便可以松懈，世界上从来没有不劳而获这种事，你想得到新鲜如初的爱情，就得付出持之以恒的努力。

首先，为你的爱情保留好习惯

恋人与朋友之间最大的不同，就是有更多亲密的行为，身体的碰触会让人心灵更加贴近，所以无论多少年过去，都要记得像热恋时一样以拥抱和亲吻来告诉对方“我依然爱你”，每天记得给对方关怀，无论是通过电话还是其他通信工具。每个纪念日，坐在一起好好庆祝，回忆曾经的美好。

其次，永远不要忘记赞美和鼓励

最能让人心生愉悦的，莫过于他人发自内心的赞美，在享受对方努力的成果时，记得说出你的感激和赞美，“你真棒”“你今天做的饭菜很美味”……积极肯定对方，必然会获得对方更积极的响应。当对方面对困难、追逐梦想时，我们要不吝惜自己的鼓励，告诉他无论何时自己都会支持他。

最后，彼此尊重，彼此忠诚

无论走到人生的哪一个阶段，两个人都应该是独立的个体，彼此尊重，相互欣赏，有修养、有内涵，懂得为对方着想。更重要的是，要对彼此忠诚。

有人说，世间最奢侈的，不过“用心”二字。爱情也是如此。天长地久的爱情从来不会唾手可得，无论到什么时候，用心，才是爱情保鲜的法门。

- 世界上从来没有不劳而获这种事，你想得到新鲜如初的爱情，就得付出持之以恒的努力。
- 爱情里的势均力敌，大约便是甜蜜过后，双方仍然能够兼顾爱情与面包，这样的爱情方能长长久久。
- 不论谈恋爱还是结婚，都要持续充实自己，并让自己保持最佳状态，让对方舍不得离开你。

04 疏离型恋人：兼顾事业与爱情，让你更充满魅力

面对爱情不要太过理性，理想中的爱情，应该是从青丝相守到白头，两个人相互扶持、相互鼓励，携手而行，一同享受爱情的甜蜜，也共同面对事业上的起起落落。更何况，美好的爱情往往会让两个人都变得更加优秀。

你个性独立，认为独立和自给自足比亲密的关系更重要，即便陷入热恋时也能保持清醒的头脑，你并非不爱你的恋人，只是更习惯独立独行，你会关心对方，但你更关心自己。

你经常观察和审视彼此关系，一旦注意到对方的小缺点便开始追忆单身的美好。你冷静客观，认为爱情也只是生活的一部分而不是全部，对妨碍你自由的信号非常敏感，即便正在恋爱，也会与他人暧昧不清，忽视恋人的感受，所以，除非找到的对象是跟你同类型的人，否则做你的恋人会很辛苦。

年轻时的不羁，最终伤害的还是自己

还没有下班，实习的男孩便频频向章兰使眼色，那意思很明显——下班一起看电影。章兰并非没有男友，但是她却

给男友毕文用手机发信息说今天要加班，不见面了。然后6点一过，便与实习生一前一后出了公司大门。

这一切，都被早已等候在公司楼下的毕文看到了。事实上，这已经不是章兰第一次骗他，每次她都用各式各样的理由掩盖和别的男人约会的事实。现在的他，已经不觉得心痛了，因为他对章兰彻彻底底地死心了。毕文发了一条分手信息给章兰，并连夜搬家，连工作都辞掉了。

章兰看到信息后，立即丢下实习生去找毕文，可是她再也找不到毕文的踪影，她的心里顿时有些失落。她不是不喜欢毕文，他聪明、帅气、勤奋、大方，是个理想的恋爱对象，但是交往时间一长，日子就像白开水，淡而无味，她开始瞒着毕文寻找新的目标。

聪明漂亮的章兰总是很轻易就能获得其他男人的好感。艳遇不断的她见了毕文依然甜言蜜语，她以为自己做得天衣无缝，但是毕文最终还是察觉了，他哭了，章兰却觉得很烦，现在是什么社会，况且，他们也还没结婚，她多认识些对象不行吗?

但是，当毕文真的要离开她时，章兰又后悔了。她爱毕文，离不开他，如果毕文回头再给她一次机会，她一定全心全意对他。可是章兰忘记了，上次毕文和她提出分手的时候，她也是这么想的。

或许，在这样一个快节奏的年代，“愿得一心人，白首不相离”的期盼，“山无棱，江水为竭，冬雷震震，夏雨雪，天地合，乃敢与君绝”的坚贞，“在天愿作比翼鸟，在地愿为连理枝”的永恒都已经落伍。见惯了太多情侣间分分合合的我们，早已把见异思迁视作平常，结了婚看不顺眼就离婚，更何况是恋爱呢！

可是，爱情的美好，不就在于相互忠诚、相互厮守、白首偕老、相濡以沫吗？快餐式爱情固然可以让人保有一时的欢愉，但谁又能一生都追求热恋的状态？当我们老去，身边没有了一个爱着你至诚的灵魂、与你在温暖的火炉边回忆年轻时美好的人，是一件多么遗憾的事！

事业遭遇爱情，你的天平怎么摇摆

生活中，电视里，我们总能看到这样的剧情上演：一位能力很强、很优秀的女人，为了家庭辞去工作，在家全心全意相夫教子。时日渐久，男人事业飞黄腾达，开始嫌弃家中的妻子，觉得她没有收入，没有本事，没有品位，没有气质……女人花点儿钱都要看男人的脸色，做什么事都要征询男人的意见。后来女人实在忍无可忍，和男人离婚了。远离职场多年的女人为了谋生，只能重新开始学习、求职。

一个男人，与相恋多年的女友论及婚嫁，却被女友家人要求必须买房买车送聘礼，否则亲事免谈。男人无奈，只能努力赚钱，可是等他在事业上取得成就之后，女友已经成了别人的妻子。

上面说的这两个例子，我们在现实生活或连续剧里早已司空见惯。虽然细节不尽相同，但从中得出的结论都是一样的，你的经济能力、你的事业，决定了你未来是否幸福。于是我们醉心工作，在事业未成之前，不敢专注爱情。

很多女人因为缺乏安全感，总是说“我现在没有事业，怎么能谈恋爱”，“为了升职加薪，我每天都加班工作，就算有对象也没时间陪他，还不如一个人”，“有了事业有了钱，想要什么样的爱情都会有”，可是如果你到40岁才有成功的事业，那么在成功之前的10多年，难道就这样苦哈哈地一个人孤单地过着？再说，如果你一辈子都只是个普通人，是不是就这样孤独终老？

理想中的爱情，应该是从青丝相守到白头，两个人相互扶持，相互鼓励，携手而行，一同享受爱情的甜蜜，也共同面对事业上的起起落落。更何况，美好的爱情往往会让两个人都变得更加优秀。

岑远与谭薇自大学便开始恋爱，他们感情很好。但岑远出身寒微，谭薇的父母看不起他，根本不同意两个人在一起。岑远很想继续与谭薇在一起，但是他知道，单凭现在工作的薪资，恐怕10年也买不起一套房子，给不了谭薇好生活。

为了增加收入，岑远开始摆地摊。在摆摊时，岑远发现一个卖小饰品的摊位前总有客人光顾，在与老板攀谈之后，岑远发觉小饰品生意本钱少、利润高，他觉得这是个很好的创业项目，于是干脆辞职开了一家小饰品店。谭薇则继续工作，并把薪水全部交给岑远，一有闲暇就上网或到各大商场查看饰品的流行趋势。后来饰品生意越来越好，分店一家接一家地开，谭薇干脆辞职，负责岑远各家店的饰品采购。此时，谭薇的父母不但再也没有阻止他们在一起，还劝她尽快嫁给岑远。

好的爱情就是这么神奇，它会让人感受到生活中更多的美好，也会带来事业上的成功。在外的时候冲锋陷阵，回到家卸下心防、享受爱情的温暖，既有爱情又追逐事业，这样的生活才是你我所愿。亲爱的你，现在准备好与你的爱人一起坚守爱情与事业了吗？

- 爱情的美好，就在于相互忠诚、相互厮守、白首偕老、相濡以沫。
- 工作带给女人成就感，爱情带给女人幸福感，两者兼顾的女人更有魅力。
- 在爱情与工作之中找到平衡点，女人拥有自己的事业固然重要，但陪伴、关怀另一半也是不可忽视的。

05 保姆型恋人：你要的是爱人，不是多一个孩子

很多女人掉入情网之后，总想着要为对方付出，最后不但成为对方免费的保姆和生育机器，贡献出自己的薪水，还要容忍对方的冷淡与用情不专。难道我们用青春去交换的，就是这样一种生活吗？切记，有所为有所不为，不能将每件事都揽在自己身上。

你是一个很有包容心的人，会随时给对方依赖；你觉得你们是一个整体，呵护他是你的责任。他有什么需要，你总是第一时间满足。他提出的建议，你也欣然接受，为对方做任何事都无怨无悔，如果得到对方的认可，你会感觉无比幸福。但是这样的爱情，多半会走入另一个极端，他把你的忍让与付出视作理所当然，不会给予你对等的回报，甚至无法忍受你这样的个性，最终选择离开。

所以，现在的你，必须改变，做真实的自己，保持自己的个性：可以迁就，但不能妥协；给予他安全感，但不能将每件事都揽在自己身上。对你来说，有所为有所不为，才是让爱情保鲜的秘密所在。

你用包容呵护，换来他的渐行渐远

在大家的眼里，任辉是一个好得不能再好的男孩，他几乎被所有女生视作教育男友的范本。

“看看任辉，对他的女朋友多好啊，经常送花给她，多浪漫！”

“任辉从来没对贺彤嚷嚷过，你就不能跟他学学，别老对我吼！”

“贺彤迟到一个小时任辉都不会说什么，我才迟到10分钟你就生气了？”

“任辉……”

可是被视作男友典范的任辉在女友贺彤的眼里，却并没有那么出色。

她说：“我们去吃火锅吧！”

任辉说：“好。”

她说：“我们去坐摩天轮吧！”

任辉说：“好。”

她说：“我书本忘了带，你帮我去拿吧！”

任辉说：“好。”

她问：“你生日想要什么礼物？”

任辉说：“只要你选的我都喜欢。”

她问：“今天点什么菜呢？”

任辉说：“点你喜欢的就好。”

贺彤觉得，任辉的确对她很好，也是一个很好的男孩，但是却不是一个好男友。她理想中的男友，应该是一个有主见、有个性的人，而不是像任辉这样总是迁就自己。没错，在任辉面前，她几乎所有的要求都会得到满足，但是她不忍心看一个大男生像个佣人一样任由自己驱使。任辉必定也有不愿意做的事情，但是他一直忍着，迁就她，这让她觉得很累、很痛苦。所以，贺彤最终还是选择和任辉分手了。

当贺彤提出分手时，任辉非常错愕，自己这么体贴她，呵护她，为什么贺彤还会与他分手？

任辉懂得女生都需要呵护，却不懂得女生更希望得到一个有个性、独立的男友，而不是一个男保姆。他的小心翼翼、百依百顺不但抑制了自己的快乐，也让贺彤感觉到很大的压力，这样一段为了维系感情而迎合对方的恋情，真的毫无乐趣可言。

一段稳定的感情，双方的地位应该是对等的，任何一方的高姿态，都会让另一方压抑或难过。你压抑自己，全心付出，最后收获的，可能只是一张好人卡。

在大众的价值观里，女生与一个呵护自己的男生在一起比较幸福，但女生更倾向于跟自己尊重、崇拜的人在一起。生活中的呵护与陪伴的确可以增进双方的感情，但是人格魅力更能打动人。女生需要的是能够以人格魅力吸引她的人，有了这个基础，又能在精神上相互支持、相互独立，爱情才可以持久。

你付出所有，却把青春喂了狗

保姆型的爱情，在女性之中更为常见。保姆型恋人知道男人都喜欢贤惠的女人，但是她们却往往把贤惠片面理解了。她们选择放弃自己的个性与追求，拒绝智慧与成长，结果失去了个性，让自己成了男人的附属品。

在和朱邈恋爱之前，魏晴一直是众人眼中的才女。她才貌双全，收入丰厚，只是工作有些忙，不能时常与朱邈约会。朱邈家境富裕，家里经营着好几家企业，所以对魏晴的忙碌颇有怨言，他不止一次地对魏晴说："你别去上班了，我养你！"

魏晴一直不为所动，直到有一次，她在公司的一次人事倾轧中成为上司的代罪羔羊。这一次，当朱邈再次提出让她不再上班的建议时，魏晴终于动摇了，她听了他的话，当起了朱邈口中的"贤内助"。每天为他煮饭、洗衣，闲暇时也帮助朱邈处理一些力所能及的公务。她理解他，迁就他，他发脾气时她沉默，她完全信任朱邈，即便朱邈三更半夜才回来也从不抱怨。

但是辞职之后朱邈对魏晴的感觉却一直在潜移默化地变化，起初她是他眼中才貌兼具、言语风趣的绝代佳人；辞职之后，她成了一个柔弱坚韧又贤惠的理想伴侣；再后来，她成了一个言语无味、乏善可陈的空心美人……朱邈觉得那些在职场闯荡的女孩子更有一种生动的活力，他总是可以从她们身上感受到青春、力量，他觉得自己不再爱魏晴了，于是在四年之后与魏晴分了手。

魏晴不明白，她为朱邈付出那么多，到头来不但没有得到一点点的珍惜，还落得一个分手的下场。虽然朱邈也给了她一笔分手费，但是比起四年来美好的青春年华，实在是不值一提。

生活中、电视剧里，类似魏晴与朱邈的故事或桥段并不鲜见。很多女人坠入情网之后，总想着要为对方付出，可是最后不但成为对方免费的保姆和生育机器，贡献出自己的薪水，还要容忍对方的冷淡与用情不专。难道我们用青春去交换的，就是这样一种生活吗？

美国著名情感专家玛丽·鲍勃曾经说过："一个不能够经营自己幸福的女人，问题不在于别人，而在于她自己。"

从心理学的角度来看，保姆型的恋人大多缺少安全感，他们表面宽容，实则敏感，对方可能无意识的一个举动就会让他们感到委屈或惶恐。但他们并不会轻易把这种情绪表露出来，即便满怀委屈也不肯与对方沟通，他们所做出的努力大多是完全站在自己的立场而非真的为对方考虑，所以付出越多越是让自己失去个性。谁会喜欢和一个唯唯诺诺、没有个性的人共度一生呢？即便这样的爱情真的能修成正果，婚姻里可以举案齐眉，但是生活的乐趣却会缺失很多。累了自己，也麻木了对方，你还觉得自己的付出伟大吗？

- 你压抑自己，全心付出，最后收获的，可能只是一张好人卡。
- 爱情之中两个人应该是平等的，没有谁应该为谁无条件地付出，你该做的是好好爱自己。
- 不要为了爱情放弃自己的个性与追求，拒绝智慧与成长，而让自己成了男人的附属品。

06 控制型恋人：控制好你的欲望，以免亲手杀死爱情

一个人的魅力来自于他的个性，而恋爱便是两个人因魅力相互吸引。有时候爱情就像抓在手中的风筝，有松有紧才能飞得更高。如果你总要把风筝线紧紧地抓住，用力拉，用力跑，风筝往往不是落在地上，就是被扯断了线不知飘到哪里去。

你是一个很自信的人，做事有条理，原则性很强，个性积极强势，防御意识也很强，有时候会让人感觉难以亲近，遇到喜欢的对象会毫不犹豫地展开猛烈追求，你总有很浪漫的想法去感动对方。

恋爱中的你，希望能够洞晓对方的一切，希望对方什么都听你的，你并不喜欢伴侣的协助，却很乐意为伴侣安排好一切。但因为你这样的行事作风有时太过霸道，你的伴侣和你在一起会感受到很大的压力。如果他不能委屈自己，事事屈从于你，那么你们之间便会有无止境的争执，导致你的恋情难以长久。

别总是拿“为你好”当借口

认识祝梅的第二天，魏华就对她展开了疯狂的追求。不是送鲜花和小礼物，便是各种衣服鞋帽，有时候还会把惊喜送到她的公司，看着同事们羡慕的眼光，祝梅心里甜滋滋的，大家也都说祝梅找到了一个浪漫的男友。相识一个星期，魏华便大声对祝梅说出了“我爱你”。相识一个月，魏华便向她递上了求婚戒指。祝梅觉得那一刻自己就像童话故事里的公主，一切美得像梦一样。

就像某句谚语所说：如果某件事情好得不像真的，那么它十有八九不是真的。相识三个月就与魏华步入婚姻的祝梅，很快就察觉到她与魏华并不合适。

魏华非常体贴，但是他体贴得让她觉得很不舒服。为了保证妻子的安全，魏华在祝梅的手机上装载了定位系统，全天了解她的行踪。每天下班他都亲自接祝梅下班，如果祝梅要加班或参加同事聚会不能与他一起回家，他就会生气、发脾气，甚至还摔东西，害得祝梅再也不敢不按时回家。他经常取笑祝梅笨，帮助她纠正各种小问题……

一向开朗乐观的祝梅越来越自卑，她变得胆小怯懦，做什么事情都畏首畏尾，有时还莫名其妙地流泪。后来，一位做心理医生的朋友告诉祝梅，他怀疑祝梅得了抑郁症，而造成祝梅生病的罪魁祸首，就是她的丈夫魏华，所以她必须离开魏华，否则一辈子就完了。当然，魏华不会让祝梅轻易地和自己离婚，祝梅想要离开魏华，需要策略。

于是，魏华发现祝梅突然沉默了，无论他怎么说她、指责她，甚至骂她，她都不吭声，并且总是迷迷糊糊地做错事；她也不能再去上班了，每天待在家里，什么也不做。魏华觉得他们的婚姻真是糟透了，于是在祝梅提出离婚要求时，魏华同意了。

魏华并非不喜欢祝梅，也并不是刻意伤害她，但是他性格里的强势却一直在压迫着祝梅，他觉得她身上有很多的小问题需要改正，所以他要帮她变得更好；他总担心祝梅遇到危险，所以他要对她时刻监控……他不明白为什么自己的一番好意会让祝梅变了模样。

其实，仔细反省一下，我们有没有像魏华一样，总是站在自己的立场上为恋人计划一切呢？没错，我们都是出于一番好意，但是每个人都有自己的个性，也有各自的优缺点，正是这些，构成了一个完整而个性鲜明的人。如果你总是按照自己的想法来改正他、纠正他、规范他，结果会怎么样呢？他不是忍无可忍地离开，便是成为一个毫无魅力的傀儡。聪明的你，仔细想想，这是你想要的结果吗？

给彼此自由的空间，爱情才能走得长久

章程看到郁宁的第一眼就被她吸引了，那天她穿着一双红色的细高跟鞋，却走得很快，笃笃的脚步声一直走到章程的心里去。章程爱上了郁宁，郁宁也觉得章程是一个很好的对象，于是他们相恋了。

郁宁很黏他，每时每刻都要和他在一起，就连兄弟们的周末例行球会章程都不参加了，因为他不在家郁宁会不开心。

郁宁有些玻璃心，她做了错事，章程还没说两句，她就眼泪汪汪地说："你是不是不喜欢我了……"章程只好作罢。但是章程犯了错，郁宁就会对他发脾气，叫他道歉，叫他买礼物赔罪，还总是嫌弃章程的道歉没有诚意。

有时候章程不得不去加班或参加某些聚会活动，郁宁会不停地查岗，时刻追踪他在哪里，跟谁在一起。她会经常检查他的钱包、手机和汽车，有一丝发现就会对着章程问长问短。章程不胜其烦，忍无可忍便提出了分手，搬出了他们同居的地方。

郁宁根本不肯分手，她不停地到章程的公司去闹，还打电话给章程所有的朋友，让他们帮忙劝章程跟自己和好。当一切方法都用尽之后，郁宁使出了撒手锏，她告诉章程自己

怀孕了，他必须和自己结婚。

章程快要被她逼疯了，他知道郁宁根本没怀孕，只是为了留住他，如果郁宁一直这样用层出不穷的花招缠着他，他也不知道自己能撑到什么时候。章程最终选择了辞职，孑然一身去了外地，虽然未必能彻底逃开，但至少能换得一段时间的安宁。

找不到章程的郁宁伤心欲绝，她不知道男友为什么把自己视为洪水猛兽，自己所做的一切不过都是为了他们的感情，这样也错了吗？

有时候爱情就像抓在手中的风筝，有松有紧才能飞得更高，可惜控制型的恋人却不明白这个道理，他们总要把风筝线紧紧地抓住，用力拉，用力跑，结果风筝不是落在地上，就是被扯断了线不知飘到哪里去。

没错，你的确是一个正直、坦诚、乐观、活泼、不惧风险又富有领导力的人，却不能好好地处理自己的人际关系，尤其在对待自己的恋人时，永远不够理智和客观，所以你的感情生活并不幸福。

请仔细想想，一个人的魅力来自于他的个性，两个人因魅力相互吸引而恋爱，但是控制型的恋人总是要别人顺从自己的意见，迫使对方改变自己的个性，结果只会让双方不痛快，在不断地争执中感情急速淡化，最终落得分手收场的结局。

所以，亲爱的你，永远不要觉得自己就是对的，不要试图改变别人、控制别人，也不要总是怀疑恋人的忠诚度，试着放松自己，也给恋人一些自由空间，这样的爱情才能走得一帆风顺。

- 别总是站在自己的立场上为恋人计划一切，别总是告诉对方“我这么做都是为了你好”……没错，你都是出于一番好意，但这样的好意往往会压垮你们的爱情。
- 爱对方就要信任对方，不要随意猜忌或想控制对方，给恋人一些自由空间，这样的爱情才能走得长远。
- 爱一个人就该爱他原本的模样，如果对方轻易地被你改变成你想要的模样，日子一久，你也不会爱这个没有个性的人。

Chapter 4

没有该结婚的年龄
只有该结婚的感情

- 恐离族：老担心离婚，就永远无法拥有幸福婚姻
- 畏变族：没有天天惊喜的生活，平淡才是幸福的真谛
- 唯爱族：就算婚姻是爱情的坟墓，也是人生的一种体验
- 拜金族：兼顾爱情与面包，婚姻才能走得长长久久
- 恐孩族：很多事，做了父母才会懂
- 养生族：拥有健康的身体，才能一起实现梦想

生活中，婚姻代表着一段感情的瓜熟蒂落；童话里，婚姻代表着王子和公主永远幸福地生活在一起。但是，真实的婚姻并非如此，在光鲜亮丽的外表下包裹着太多的不堪，家庭纠纷、柴米油盐、抱怨争执……然而，这正是婚姻的迷人之处，只有身在其中的人才能体会。

亲爱的你，不需要跟随世俗的规范而走。
相信自己的感觉，不要勉强自己。
时机若到，姻缘便来。

01 恐离族：老担心离婚，就永远无法拥有幸福婚姻

人们总说每个年龄都应该尽这个年龄的责任和义务。正值适婚年龄的你，也许面对婚姻，却充满畏惧与排斥。其实，世上的婚姻并非都不幸福，只要你认识了自己，遇见了对的人，找到了自己应该努力的方向，你的婚姻就可以幸福一生。

你是一个比较容易受外界影响的人。面对婚姻，你心中既憧憬又害怕，因为身边亲人、朋友的婚姻失败或者媒体舆论的宣传让你对婚姻失去了信心，婚姻对你而言，更像是鸡肋，食之无味弃之可惜。

你不太相信自己可以和另一半白头偕老，你也担心婚姻里的争执或平凡琐碎的生活会让双方感情变淡。即便是步入婚姻，你也会惶惶不可终日，总担心对方会背叛自己。种种纠结的心态让你在婚姻这扇门外踌躇不决，很可能因此错失掉了许多不错的缘分。

然而，婚姻真的那么可怕吗？结了婚大多会离婚吗？

其实并不是。

别让他人离婚的阴影影响到自己

贾雪8岁时，一向疼爱她的叔叔和婶婶离婚了，婶婶离开了家，叔叔也远走他乡，丢下两岁的堂弟留给爷爷奶奶照顾。那时候，每天傍晚堂弟都会哭着喊着找爸爸妈妈，一个房间接一个房间地找。贾雪的父母虽然没有离婚，但她看着堂弟的样子，也跟着哭，她心疼弟弟，又怨恨叔叔婶婶：结了婚，为什么还要离婚，弟弟多无辜啊！

学校里也有不少同学出身单亲家庭或再婚家庭，贾雪总能从他们的身上看到弟弟的影子，觉得他们作为大人婚姻失败的牺牲品，实在是太可怜了。

大学一毕业就失恋的同学更是数不胜数，看着他们沉重里故作轻松的表情，贾雪的心已经起不了一丝波澜了，这些年她从生活里、电视上看到太多分手、离婚。贾雪是不敢结婚的，尽管她有一个十分相爱的男友蒋鑫。没错，现在蒋鑫的确很爱她，可是谁敢保证这份爱就能一直持续到白头呢？

所以尽管蒋鑫数次向贾雪求婚，贾雪也不肯松口，她始终坚持与蒋鑫只恋爱不结婚。

但是贾雪的父母却着急了，贾雪已经28岁，再不结婚，生孩子就难了，他们开始向贾雪施加压力，好事的亲戚朋友们也明着暗着说服贾雪，她终于还是妥协了，和蒋鑫迈入了婚姻。

婚后的蒋鑫觉得特别幸福，但很快他察觉到两个人的感情有些变味，贾雪不能容忍他与任何女性来往，就算是与女同事之间的公事来往也不行。两个人一起逛街，只要蒋鑫多看别的女人一眼，贾雪就会生气，连续三天不理他。蒋鑫晚回家一会儿，她就开始胡思乱想；蒋鑫手机里的每一个电话、信息她都要一清二楚；蒋鑫的所有通信账号密码她都知道。可是一个人，总得与外人接触，总会有自己不能说的秘密，蒋鑫也不例外。有段时间，因为公司的一个项目，蒋鑫经常与对方公司的一位女经理沟通，为了不让贾雪疑神疑鬼，蒋鑫把女经理的电话姓名设置成王总，贾雪很快便察觉了，她难过得几乎痛不欲生，然后把离婚协议书递到了蒋鑫面前。

婚后一年多战战兢兢的生活，蒋鑫也感到累了，他虽然深爱着贾雪，但还是签了字。因为听过、见过太多的离婚事件，贾雪不敢相信婚姻，身边大多数家庭的幸福和美好都被她视而不见，她的内心充满了对婚姻的恐惧，用自己的疑心与不安亲手杀死了自己的爱情与婚姻。

心理学认为，当我们关心一件事情的时候，就会发现这类事情的发生率会瞬间提高。为什么我们总是可以从新闻报道中看到夫妻纠纷或离婚的事情？原因很简单，幸福的婚姻大多没有什么激烈的冲突、新鲜的元素，不符合人们猎奇的心理，没有多少可报道性。

所以，亲爱的你，不要被舆论或媒体诱导，别被身边的离婚事件影响，仔细观察、审视身边平淡的幸福。只要你拥有一个好心态，找到了一个合适的对象，掌控好一些小细节，就会发现婚姻并没有你想得那么可怕。

别被生活里的琐碎轻易击败

和贾雪不同，戴襄虽然在结婚前也是满怀忐忑，但是她还是不顾好姐妹“切莫远嫁”的忠告，从台北嫁到了台南。

戴襄结婚以后，很快便怀孕了，丈夫让她辞去工作在家里安心养胎，等以后孩子读了幼儿园再找工作就好。

戴襄很安心，她觉得这个计划很好，于是安心待到了孩子生产。但是孩子出生后，麻烦来了：公公婆婆身体不好，没办法帮她照顾孩子；娘家离得太远，也不可能丢开一切到台南帮她。戴襄只能一个人没日没夜地看护着孩子，孩子睡着之后，她又得去做饭洗衣，忙得像个陀螺一样，有时候累得随便往沙发上一靠便能睡着。

繁忙的生活让戴襄没心思也没精力去打扮自己，很快便从一个靓丽动人的女子变成了满脸疲惫的黄脸婆。自幼便习惯了被人照顾的丈夫根本不能理解一个女人带孩子和操持家务的辛苦，他更不能理解为什么戴襄生了孩子后会变了模样，她不再温柔、可爱、小鸟依人，变得和街上那些“欧巴桑”一样，大嗓门，世故，张嘴便是鸡毛蒜皮的琐事。他们很久没有一起逛街了，也没有一起亲密地过过“二人世界”。

戴襄也察觉出丈夫的异样，她开始后悔，她为了一场婚姻失去了自己，改变了那么多，却失去了爱人的疼惜与爱恋。看着丈夫如冻龄般的脸庞，再看看自己，戴襄的心里更是生出一种惶恐：丈夫会不会爱上别的女人，丢下她们母子不管？

婚姻是什么？婚姻从来就不是童话故事里王子与公主永远幸福快乐地生活在一起，即便他们曾经相爱，但真正走入婚姻，便会发现婚姻其实是一件布满了虱子的华丽罩衫，每天都有处理不完的家庭琐事，有些人还没走到生育那一步便离了婚。

等到生了孩子之后，会出现更多恼人的事情。妻子永远围着孩子转，每天忙着各种做不完的家务。如果丈夫能积极参与，情况还会好转；如果丈夫置之不理，妻子会更加生气，开始抱怨。于是，丈夫又觉得妻子变了，变得既不温柔也不美丽，他甚至会痛苦地向妻子倾诉：你以前不是这样的啊，你毁了我对婚姻生活的想象……渐行渐远的两个人成了最熟悉的陌生人，只能看在孩子的面子上凑合着过日子。

更糟糕一点，一方开始有外遇，争吵，离婚，再影响孩子的婚姻观甚至一辈子，多么可怕！

一直不能摆脱传统家庭模式的我们，解决对婚姻恐惧的根本，还在于我们自己要有独立的人格，不在繁忙的生活中迷失自己。当然，婚姻是两个人的事情，结婚之前，你得解决下面的一些问题。

首先，你应该找一个适合自己的结婚对象。

你缺乏安全感，那么你的结婚对象就应该是一个个性稳定又没有大男人倾向的人，他总是可以很好地照顾你的情绪，有包容心，不会随便发脾气，当然，最要紧的是你们得有感情基础。

其次，关于婚姻，必须与另一半达成共识。

经营一个家庭需要两个人的努力，你必须要与对方一起经营家庭，不要认为爱他就应该为他做一切事情，这样只会累到自己，而对方却会因为从未经历过你所经历的一切，而无法察觉你的辛苦，也无法体贴、包容你。

最后，态度积极，又各自独立。

很多女性结婚后都会把重心放在家庭上，在事业上不思进取，在感情上也希望丈夫能一如恋爱时主动。如果你也有这样的想法，那你的婚姻可能不会十分美好。无论男女，都希望自己的爱人是一个独特而富有魅力的人，如果你不肯好好充实与经营自己，便很可能失去自我，而那些拥有事业的女性则总能保持一种积极向上的状态，她们永远充满自信，经济自主，不需要为每个月的家用患得患失。

所以，不要惧怕婚姻，也不要幻想不劳而获，无论男女，唯有与另一半用心投入经营，幸福才会与你常在。把婚姻当作人生的一件小事，轻松经营，最要紧是做好自己。

- 就算迈入婚姻，也要有自己的事业及热爱的兴趣，这样才能保持一种积极向上的状态，让自己经济自主并充满自信。
- 不要被舆论或媒体所诱导，也别被身边的离婚事件所影响，只要拥有一个好心态，仔细观察、审视身边平淡的幸福，必然能找到一个合适的对象。
- 婚姻不完美却迷人，当你与另一半用心投入经营，幸福便会与你们常在。

02 畏变族：没有天天惊喜的生活，平淡才是幸福的真谛

我们总是说，讨厌日复一日的平淡生活，因为一眼望到头的人生实在是乏善可陈。但是如果我们的内心充实，以乐观面对生活，让自己和周围的人都过得快乐一点，即便每一天都做同样的事情，也依然可以在平凡中找到快乐。

你喜欢丰富而充满未知的生活，你觉得结婚就是两个人一起过日子，上班、下班、看孩子、做家务……日复一日，既枯燥又乏味，你渴望得到一心向往的幸福，但是婚姻生活的平淡让你无法感受任何生命的波澜。你迷惑：结婚，到底是为了什么？

生活平淡与否，关键在于你的心态

我们总是说，讨厌日复一日的平淡生活，因为一眼望到头的人生实在是乏善可陈。如果你一直有这样的想法，那么建议你看看美国电影《土拨鼠之日》(*Groundhog Day*)，或许可以从中获得一些启发，了解到一个人是如何在日复一日的重复中寻找幸福的。

气象播报员菲尔被派往宾夕法尼亚州一个叫作普苏塔尼的边境小镇报道当地的土拨鼠日庆典。但是一场暴风雨后，菲尔被困在了小镇上，神奇的是，时间出现了错误，菲尔每天早上醒来，就会发现时间停留在土拨鼠日当天，每天都是土拨鼠日，日日都是如此。

一段时间下来，菲尔对这一天会在什么时间遇到什么人、发生什么事了如指掌。这突如其来的变化让菲尔不知所措，紧接着他发现了一件很刺激的事情：在这一天里，他想做什么就做什么，因为第二天一切都会归零，重新开始。

于是，菲尔开始不计后果地“想干什么就干什么”，他很轻易地便能得到他想要的东西，比如金钱、美食。他开始追求美女制片丽塔，在不断的尝试中找到了丽塔的爱好和习惯，并逐渐博得她的好感，但是每次到晚上菲尔想要和丽塔上床时，都会被她打一巴掌，因为她不是一个随便的人，无论菲尔用了什么办法，总是得不到丽塔。

菲尔开始觉得厌倦、失落，他讨厌这样重复的生活，于是决定以死亡来结束一切。但是无论他选择什么死亡方式，第二天早上醒来，他都会衣衫不整地躺在床上。

菲尔受不了了，他向丽塔坦白，并寻求她的帮助。在丽塔的帮助下，菲尔开始积极地了解小镇、了解丽塔，主动帮助别人，同时充实自己。随着时间的推移，菲尔变得热情、积极，在一天的时间内便成为小镇上最受欢迎的人，他真正爱上了丽塔，丽塔也对改头换面的菲尔动了心。

时间虽然还在重复，但是积极、乐观的菲尔已经可以坦然面对，总能通过自己的努力开心地生活。一个只能重复同一天的人尚且可以获得乐趣，我们为什么不可以呢？如果我们的内心充实，以乐观的心态面对生活，让自己和周围的人都过得快乐一点儿，即便每一天都做同样的事情，也依然可以在平凡中找到快乐。

没有人想要在抱怨中成长，在厌倦中苟活，在寂寞中老去。所以无论婚姻内外，都应该让自己乐观面对生活，多一双发现美与乐趣的眼睛。

生活需要一双积极发现美的眼睛

你想过世界上最浪漫的车是什么吗？

郑楠在自己的日志上这样写道：我想，世界上最浪漫的车便是洒水车了，阳光下，于水汽氤氲中，偶可见彩虹。

郑楠很享受生活，丈夫打呼时起伏不定的肚皮，孩子吃蛋糕时弄花的小脸，窗外植物长出的新芽，都让她忍不住弯起嘴角。

郑楠以前并不是这么乐观，她虽然没什么心机，心里却好像憋着一把火，一点小火星，就能让她燃起大火，她的眉头总是皱着，愤世嫉俗，整个人充满了负能量。

郑楠不是没谈过恋爱，但是两个男友都因受不了她的沉闷与暴躁的脾气而选择了分手。郑楠觉得孤独终老也没什么不好，然而一切都在郑楠认识鲍贤后发生了改变。鲍贤是一个有修养、宽容而聪明的男人，他无条件地包容迁就郑楠，在郑楠情绪低落的时候总是反复告诉她："你没错，你是个好女孩，你情绪差是因为你不擅于与别人相处，所以感觉到敌意后就立刻反击……"在鲍贤潜移默化的影响下，郑楠渐渐也能控制住自己的情绪了，她脸上的笑容变多了，再也不会因为一点小事就乱发脾气。

当郑楠变得越来越乐观时，她发现周围的人和事也发生了变化：工作顺利了，人际关系缓和了，她更能理解和宽容别人了，日子变得开心起来，人都容光焕发了，她的穿着打扮也有了改变，不再拘泥于黑白灰，有了更多的尝试。更让她高兴的是，她开始去注意那些生活中的美好，一点小事就能让她开心不已，无论处理家务还是工作，郑楠总是能从枯燥中发现乐趣，为自己的每一次小进步而惊喜，周围的人对她的评价也越来越高。

你看，这就是与一个适合自己的人生活在一起的好处，好的婚姻往往会让人变得更好。如果夫妻双方中有一个人乐观、开朗、积极，也必然会影响另一方，潜移默化之下，另一方也会渐渐变得积极乐观起来。

美好的婚姻，应该是轻松自在、妙趣横生的，我们不必花多少心思去取悦对方，彼此都可以做真实的自己，让夫妻双方一同成长为更好的模样。

记得有句话这么说：生活就是一面镜子，你笑着看它，它也会笑着看你；你哭着看它，它也会哭给你看。只要用心经营生活，平淡也会是一种幸福的状态。

- 你的生活幸不幸福，关键在于你用什么心态生活。
- 结婚的意义在于让我们变成更好的自己，让我们去发现看似平淡的生活里其实隐藏着许多的惊喜。
- 好的婚姻往往会让人变得更好，如果夫妻双方中有一个人乐观、积极，必然会影响另一方。

03 唯爱族：就算婚姻是爱情的坟墓，也是人生的一种体验

你是一个把婚姻和爱情完全分开的人，你喜欢爱情的甜蜜，又讨厌婚姻的约束。在你的观念里，婚姻会让爱情减淡甚至消失，你希望一生都能拥有纯粹的爱情，所以你完全不想结婚，即便勉强步入婚姻，也总是逃避责任，逃避付出。

人生的每个阶段，都有值得尝试去做的事，婚姻也是。不要给自己设限太多，勇敢去恋爱，享受爱情，面对每一段恋情，真心付出，积极应对，主动为你的爱情保鲜，这才是一生幸福的秘诀所在！

婚姻是爱情的归宿，而不是坟墓

现实是最残酷的教科书，它总是能把最真实的一面显露在我们面前：婚前情侣一日不见如隔三秋，有说不完的甜言蜜语，婚后天天见面却无话可说，勉强说起来也是一些家庭琐事；婚前总用各种方式对对方好，婚后却连多看对方一眼也为难；婚前总是逛街看电影吃大餐，婚后则是在家里做饭做家务……这样的婚姻多可怕！于是我们退缩，我们不敢结婚。

但是，并不是所有的婚姻都如此，只要用心经营，婚姻里不但可以保有爱情的甜蜜，还能升华出如亲人一般的情感。

没错，婚后我们的约束增多，自由减少，许多责任也必须扛在肩上，但是婚姻对于我们而言，也是一种成长。好的婚姻，可以让你迈入人生更高的阶段，发现另一种风景。

过去的年代，人们通过结婚来获得保障和安全感，结婚是为了两个人搭伙过日子，解决生理需求，孕育下一代。但是现在更多的人步入婚姻是因为爱情，是为了得到一个自我实现的途径，让双方都变得更好。没错，现在的离婚率的确比以前提高了，但是个人幸福指数也同时在提高，整体的婚姻质量是胜于过去的。

所以，别畏惧婚姻，选一个成熟、有智慧又能包容你的对象，一起走入婚姻生活。掌握一些爱情保鲜的小技巧，你会发现婚姻生活其实也可以很幸福。

彼此独立，相互尊重

结了婚，激情转淡是必然，没有哪一对夫妻能够一直黏腻到白头，但是内心深处的感情却可以随着时间沉淀，历久弥新。某位两性专家说："如果你想永葆激情的火苗，就给你的伴侣保留个人空间，让他在自己的领域内发展、活跃，那么你便永远可以在他的身上发现令你欣赏的优点，也始终能以一种新鲜的视角去看待对方。"

余岚与先生恋爱5年，结婚6年，一直恩爱幸福。余岚生完孩子，还在坐月子时，丈夫便出海钓鱼。很多人觉得不可理解，余岚却一派轻松地说："丈夫在家也帮不上什么忙，还不如出去玩玩，开心开心。"有时候余岚累了，也会把孩子留在家里，自己出去旅游几天，丈夫也很支持她。

余岚辞职带孩子期间，还考了会计从业资格证。孩子长到3岁，送去幼儿园后，余岚重返职场，很快便找到一份收入丰厚的工作，让姐妹们羡慕不已。

谈起自己经营婚姻的秘诀，余岚云淡风轻地说："大概是我比较看得开吧！婚姻里，不要为小事斤斤计较，什么没放好的书、乱扔的鞋子，我从来都不会放在眼里，所以始终能够平和地面对生活中的鸡毛蒜皮，并以愉悦的情绪面对生活。我与先生，更像是两个独立而又相互尊重的个体，站得远反而更能好好地欣赏对方。"

坚持相互忠诚，对婚姻负责的大原则；不因小事起争执，彼此独立，又能互相尊重，这就是让婚姻保鲜的秘诀之一啊！

相互信任，相互支持

曹柔的先生准备辞职了，他想出去创业。当曹柔从先生的口中听到这个消息后，并没有出言反对，尽管先生是一位上市公司的高层主管，收入丰厚。

晚上，曹柔把家里所有的财产统计了一下，然后把一张银行卡和一个房本交给了先生。先生有些意外。曹柔却很冷静，她说："放心吧，我已经计算过家里的财产，除了现在住的房子不能动，这些钱和我们另一套房子你都可以拿出来用，作为你的创业资金。至于家庭开销，我的收入还可以支撑，你放心去做你想做的事情吧！"

曹柔能说出这种话，也是源于先生曾经对她的支持。

5年前，曹柔决定离职做SOHO族时，压力的确颇大，她手里没有多少资源，在开始的两年里收入微薄，但是她的先生还是毅然决然地支持她。为了维持家庭生活质量，一直优哉游哉的先生变成了工作狂，有时整个月只休息一天。在先生的支持下，曹柔加倍努力，很快在业界闯出一点儿名堂，收入也随之水涨船高。所以，当先生提出要创业时，曹柔也愿意全力支持，让先生去完成自己的梦想，做他喜欢的事情。

有人说，一个成功的男人背后一定有一个出色的女人。其实，男人又何尝不是让女人变得更好的原因呢？正是两个人的相互支持与成全，让双方都变成了更好的人。好的婚姻不但不会让爱情流逝，反而会让爱情得到升华，从爱情之中衍生出更为深刻的亲情、友情。

永远尝试新鲜，永远相互陪伴

为什么我们的激情总是随着时间的流逝而消逝？心理学家认为，原因在于很多夫妻之间的激情只是停留在身体和新奇上，所以在对彼此了如指掌后，一切都会变得不再浪漫。维系婚姻激情的秘诀其实并不难做到，只是很多人以忙碌为借口不愿意去做而已。

爱情保鲜第一招：挑战

人们总是能够被新鲜而有趣的事物吸引，夫妻之间不妨多参加一些增进双方互动或具有挑战性的活动，这往往能唤起一方对另一方的倾慕之心，火花激荡时，便重新找回当初热恋时的新鲜感。

爱情保鲜第二招：陪伴

无论你有多忙碌，无论你有多少做不完的家务，多舍不得放下手机，都要记得每隔一段时间“全心全意地陪伴对方”。两个人一起，或回到初次相识的场景，或回忆当初的美好时刻，抑或只是两人饭后散步时的闲聊，都可以促进双方感情的发展。虽然人的心态和兴趣会随着年龄的发展而变化，但是持续不断的沟通会让双方的了解加深，感情加温。

爱情保鲜第三招：话题

有些女人说，除了日常琐事，我真的不知道要和先生聊什么。这么说实际上只是你在为你的漫不经心找借口。既然你们能走到一起，当初必然是有一些共同的爱好，怎么会结了婚之后就没有话题了呢？你可以在晨起健身、饭后散步时，从你们的兴趣点开启话题，也可以聊聊经济趋势、历史、书籍、最近的电影，或者时下的热门话题、生活趣事，等等。

爱情保鲜第四招：积极

不要觉得自己结了婚就可以懈怠，没有人喜欢看到自己的另一半一副懒散而不修边幅的邋遢模样。女人在家少看言情剧，多读书，注意皮肤保养，维持好身材；男人则要控制酒量，对妻子多些尊重。双方都积极维持在最佳状态，在对方眼中的光彩才不会越来越暗淡。

- 婚姻对于我们而言，也是一种成长，好的婚姻，可以让你迈入人生更高的阶段，发现另一种风景。
- 坚持相互忠诚，对婚姻负责的大原则；不因小事起争执，彼此独立，又能互相尊重，这就是让婚姻保鲜的秘诀之一啊！
- 结了婚，激情转淡是必然，没有一对夫妻能够一直黏腻到白头，但是内心深处的感情却可以随着时间沉淀，历久弥新。

04 拜金族：兼顾爱情与面包，婚姻才能走得长长久久

幸福的婚姻需要爱情也需要面包，而且很多时候面包更为重要。你可以向你的另一半索取面包，但别人给的往往风险更大。很多时候你付出尊严换取来的面包可能只是困住自己的枷锁，与其等待别人的施舍，不如靠自己的双手去赚取。

在你的价值观里，物质占据着非常重要的地位，你觉得缺少了充足物质保障的生活不会幸福。对你来说，金钱是生活中最重要且不可或缺的一部分，婚姻中亦然。所以在选择婚姻时，如果面临爱情与物质的冲突，你极有可能放弃爱情。有些时候，还有可能只是因为对方物质条件好而选择和他在一起。

我们不能否认“经济基础决定上层建筑”的原理，也不能忽视“贫贱夫妻百事哀”的客观存在，但是如果一场婚姻的结合只是建立在物质的基础上，这样的婚姻，往往不会幸福。

即便百般钻营，也不会总拿到一手好牌

自狄岚懂事起，她的父母便向她灌输这样的观念：女孩

子学历不必高，也不必赚很多钱，只要漂漂亮亮的，将来嫁个有钱人就能幸福。

于是狄岚并不在意学业，她随随便便地读了个专科，又随随便便地找了份工作，便信心满满地寻找自己的金龟婿。那些家境普通、事业平平的男人从来入不了她的眼，她的原则很简单，要么对方自己有钱，要么家里有钱。

但是越是看上去简单的条件，寻找起来越是困难。她看得上的那些青年才俊，不是已经有女朋友，就是游戏花丛，不想结婚，或者根本看不上她。终于皇天不负苦心人，狄岚结识了一个叫梅波的富二代。

两人初次见面，梅波便上上下下打量了狄岚好几遍，然后眯着眼睛说："你呀，外表、身高都符合我的要求，就是胸部小了点儿，不过勉强可以接受。以后结了婚，你就别上班了，在家安心给我生个儿子，将来只要分到我爸的家产，几辈子都吃不完……"

梅波长相平庸，一无所长，对她也毫无尊重的意思。横看竖看，狄岚都不喜欢梅波，本想就此不联络，但在家人的劝说下，狄岚还是嫁给了他。

婚后一年，狄岚生了个女儿，梅波气得吹胡子瞪眼，看也没看女儿一眼便扬长而去。从此以后，狄岚在家里便经常遭到冷嘲热讽，有时梅波喝醉了还会对她拳打脚踢，连女儿吓得哇哇大哭也毫不在意。狄岚很后悔，她想离婚。梅波说，离婚可以，但她必须自己离开，女儿得留下。狄岚舍不得女儿，也找不到工作养自己。狄岚的父母知道这件事后，也只是劝她再忍耐，下一胎生个儿子就好了。

一个美丽的女人，就这样被一段失败的婚姻困住，无力逃脱，有时候狄岚也会想，如果当初和一个既尊重自己又真心相爱的人结婚，也许她就不会陷入如今的困境，但时至今日，一切都已经太迟了。

依附在他人身上的幸福，终究不如靠自己努力得来的踏实。如果你有才华、有能力，就不必被扔到婚姻的市场上任他人东挑西拣，也无须在选择对象时舍弃爱情而选择物质。

你有你的家财万贯，我有我的特立独行

袁柏第一次到女友芩韵家拜访时，就被她家的豪宅震惊了，在这之前，他只在电视里看到过这样的豪门大户。平复心情之后，袁柏心里的第一个想法就是：这样的家境，芩韵的父母会把女儿嫁给我这个穷小子吗?

果不其然，芩韵的父母在宴席期间旁敲侧击地告诉袁柏，他们不同意这份恋情，将来更不会让芩韵嫁给他。

早有心理准备的袁柏并没有很伤心，他知道门不当户不对的爱情即便真的修成了正果，他在气势上也会矮芩韵一截，以后会被她的家人以及外人瞧不起。这样一想，袁柏就不再难过了，他把更多的精力放在工作上，不断寻找创业机会。五年之后，袁柏的公司经过数轮融资，已经成为该行业中的翘楚，

他再登门到芩韵家提亲，芩韵的父母态度立刻有了一百八十度的转变。他们笑着表示，年轻人的事情自己决定就好，只要芩韵喜欢，什么时候结婚他们都同意。

你看，这就是社会的现实。

幸福的婚姻需要爱情也需要面包，而且很多时候面包更为重要。你可以向你的另一半索取面包，但别人给的往往风险更大。很多时候你付出尊严换取来的面包可能只是困住自己的枷锁，与其等待别人的施舍，把自己寻找面包甚至生产面包的能力丢弃，不如靠自己的双手去赚取。

你不能怨愤社会的世故，因为这就是它本来的面貌。与其抱怨别人的势利，不如努力提升自己。他有他的财富，你也有你的骄傲。真正对等的爱情，应该势均力敌。真正的幸福，总要由自己去追寻，自己主导了感情，才能在婚姻里扬眉吐气。

有钱，是为了多些选择

自 18 岁开始，许筠便半工半读，白天上学，晚上摆地摊。毕业之后，许筠依然白天工作，晚上摆摊。累积了一定资金后，许筠就开起了店做生意，忙里忙外，亲戚朋友看了都劝她："女孩子嘛，终究还是要嫁人的，这么拼命赚钱干什么，做得再好也不如嫁得好啊！"不过许筠有自己的想法，她总是说："只有做得好，才能嫁得好啊！因为自己优秀了，才能站在更高的平台上，结识更加优秀的人啊！

26岁时，许筠已经赚到了她人生的第一桶金，在繁华的市区买了一处宽敞的住房，还买了一辆车。当家人正忙着为她物色不错的结婚对象时，令人惊诧的是，许筠找到的结婚对象竟然是一个还在攻读博士学位的男人，这个男人很有才华，但没有钱，穷得连聘金都拿不出来。

许筠的妈妈知道了气得以死相逼，但许筠丝毫不为所动。她说："我个性急，脾气暴躁，必然要找一个睿智、情商高的另一半，他总是温文儒雅，专注于研究，将来孩子也会受到影响，成为一个有修养的人；我很忙，家里需要一个能够照顾家庭的男人，他也可以做到；更重要的是，我们有很多共同的爱好，总有很多话题可以聊……"

许筠的妈妈还是不同意，叫博士拿出巨额聘金，博士没那么多钱，许筠就把自己的钱贴进去，让博士充场面。面对如此坚持的许筠，妈妈十分无奈，只能同意他们结婚。

婚后，博士把家里打理得井井有条，孩子也乖巧伶俐，结婚7年，他们的感情依然如恋爱时甜蜜。许筠的爸妈这才放下了一直悬着的心，真正相信博士能给他们的女儿带来幸福。

婚姻对一个人的意义在于，当你遇到喜欢的人，不会纠结于他有没有钱、有没有房，而是能够果断地牵着他的手，互相尊重，互相体谅，共同经营幸福的生活。

如果你经济自主，就算不幸遭遇到另一半移情别恋，甚至家暴，也不会因为没有经济来源而继续忍辱负重，而是可以毅然离去，重新寻找幸福。

如果你经济自主，就不会因为亲人生病而无力，不会因为家人买不到想要的东西而难过，想把钱给谁用就给谁用，不必看任何人的脸色，因为自己赚的钱，花得更加心安理得。

如果你经济自主，你就能够管控自己的金钱流向，就算发生突发状况临时需要用钱，你也不用低声下气地向另一半拿钱或向别人借钱，而是能够从容不迫、有尊严地解决眼前的困境。

有本事用别人的钱不算好，自己有钱才是真的好。

- 真正的幸福，总要由自己去追寻，自己主导了感情，才能在婚姻里扬眉吐气。
- 婚姻对一个人的意义在于，当你遇到喜欢的人，不会纠结于他有没有钱、有没有房，而是能够果断地牵着他的手，互相尊重，互相体谅，共同经营幸福的生活。
- 如果你有才华、有能力，就不必被扔到婚姻的市场上任他人东挑西拣，也无须在选择对象时舍弃爱情而选择物质。

05 恐孩族：很多事，做了父母才会懂

你是一个喜欢自由的人，结婚之前可能会害怕婚后被逼着生孩子，害怕因为生孩子变成另外一个人，害怕有了孩子没自我，于是产生恐婚的念头，有做丁克族的想法。无论外界怎么施加压力，都只是在增加你的痛苦。

我们不能否认，生养一个孩子的确会对我们的生活产生巨大的影响，但是，孩子也并非洪水猛兽，不生孩子有不生孩子的方便，生孩子也有生孩子的好处。

你为什么惧怕孩子的到来

有专业人士曾经做过统计，现代人选择不要孩子的原因五花八门，但以下几种原因最常见。

1. 没有良好的条件养育孩子

从孩子出生到成年，饮食、玩具、教育、医疗、服装、保姆、保险、旅游等各式各样的花费非常庞大。我们必须不停地赚钱，别人有的，我们的孩子也要有，要为孩子提供良

好的教育和居住环境，陪伴孩子健康成长，等等。养育一个孩子需要花费的时间、精力和金钱太多。看到生活中许多家长为了孩子省吃俭用、忙忙碌碌，我们的内心便会产生一种被孩子套牢的恐惧感。

2. 有很多事想做，不想让孩子拖累自己

现在是个快节奏的社会，每个人都有巨大的压力，没有孩子尚且可以为事业打拼，有了孩子之后，工作必定会受到影响，尤其对女人的冲击更大。很多女人怀孕之后，比较难以专心投入工作，在职场容易不受到重视，导致有些女性选择辞职回家做全职家庭主妇。除非家中有老人帮忙照护，否则在孩子没送进幼儿园前，几乎没办法投入工作。

3. 有孩子，没自由

孩子对女人的影响尤其大，从怀孕开始就要注意很多事情，历经煎熬生下孩子又得花很多心力照顾他，在他学会走路前天天都得抱着，若是生了病大人更加提心吊胆，等到学会走路了又要每天追着他跑。因为带孩子，很多地方不能去，很多事情不能做。就算长大了，孩子也是你的责任，就像人们常说的："养儿一百岁，长忧九十九。"

4. 家庭纠纷会增多

无论婚前两人的感情多么如胶似漆，一旦女人怀孕生子，夫妻之间的感情便会面临考验。有了孩子，关于家务分工、照顾孩子等问题很容易引起夫妻之间的摩擦，影响夫妻之间的

感情。

孩子对一个家庭的影响简直不胜枚举，但是，是不是我们就可以拿着这些理由堂而皇之地拒绝生育孩子呢？其实不尽然。

孩子不是魔鬼，是带来快乐的天使

魏平与谢云都是独生子女，在父母的殷殷呵护下长大、结婚，并拥有不错的工作。谢云与魏平的人生观很相似，他们觉得人生就是要快快乐乐、自由自在，所以也很有默契地决定结婚之后不要孩子，不能被小家伙绑住了。

可是他们的如意算盘并没有打好，谢云意外怀孕了，她胆子很小，根本不敢去医院堕胎。更重要的一个原因是，自从知道自己的肚子里有了一个小生命，谢云有了一种很奇妙的感觉，她起了好奇心：她和先生共同创造出来的孩子会是什么样子呢？在犹豫中，孩子出生了。

刚出生的孩子脸皱皱的，很丑，但谢云一点儿也不觉得，她的人生出现了新的乐趣，多了许多新的体验，看着魏平手忙脚乱地帮孩子换尿布、冲奶粉，她经常开心得哈哈大笑。因为婆婆身体不好，谢云的妈妈也来帮着她带孩子，谢云也不觉得很累，她看着孩子一天天地变化，心里有了期盼。

孩子花销很大，一向吊儿郎当的魏平也开始努力工作了，他不再打游戏、看电视，回到家里就照顾孩子、陪陪谢云，等到孩子睡了，他就回到房间里看书、进修。为了赚更多的钱，魏平还做兼职，把忙碌的生活渐渐过成了习惯。

自从知道父母是孩子最好的榜样后，谢云也一改懒散的个性，不管多忙，她都会把家里收拾得干干净净，不再沉迷于连续剧，开始克制自己的脾气。他们虽然不再像以前二人世界时那么自由，生活态度却变得积极起来。因为体会了养育孩子的辛苦，魏平与谢云对他们的父母也有了新的认识，他们不再把父母的付出视作理所当然，心中更多了感恩。

你看，有了孩子并没有那么糟糕，相反地，孩子还成了他们的动力，让他们的生活状态改善了，让他们都变成了更好的人。

很多人走入婚姻时，人生并没有经历什么困苦或波折，缺乏责任感与抗压力，想到孩子就瞻前顾后、担心不已，所以不肯生育孩子，认为两个人相互陪伴便是最好的生活状态。但是没有压力就没有动力，两个人的生活状态可能永远得不到升华。

孩子是家庭的润滑剂和黏合剂

心如与华伟离婚了，朋友们听了都觉得不敢相信，他们门当户对，郎才女貌，家境富裕，是大家眼中的神仙伴侣，这样的夫妻怎么会离婚呢？

心如与华伟给出的离婚理由是感情不和，但曾经深厚的感情怎么就躲不过七年之痒呢？有朋友猜测，可能是因为心如与华伟之间缺少了一个孩子——没有孩子，双方又都有经济条件，所以一旦发生冲突，没有多少顾忌，很容易就选择了离婚。

心理专家认为，浪漫的爱情往往只存在于恋爱及结婚初期，一旦双方熟悉起来，浪漫的爱情便会开始变淡，直至消失。如果夫妻之间感情融洽，婚姻质量比较好，那么另一种近似亲情与友情结合的情感便会衍生出来，这种情感，是一种成熟的爱情形态，有了这种情感，婚姻就会稳固下来。

如果浪漫之情结束之后，夫妻之间没有产生新的感情，那么婚姻便有可能走向危险，一旦发生冲突，双方又都不肯主动退让或加以控制，感情就会恶化甚至破裂。

让浪漫之情衍生出亲情的一个重要因素，就是孩子。没有孩子，两个人就还是独立的个体。有了孩子，双方融为一体，家庭利益被抬到了个人利益之上，彼此之间有了许多共同的目标，共同经历孩子从出生到长大的过程，会有很多共同语言，也多了许多交流的机会。在养育孩子的过程中生活方式、行为习惯都逐渐相同，形成了有默契的家庭。

有了孩子，就意味着夫妻不能再随便地提离婚。我们都知道离婚对一个孩子的伤害有多大，于是为了孩子，我们愿意冷静下来，好好商议，不至于断然做决定，由此可见孩子在一个家庭中的重要性。现在的你，还觉得结婚后养育一个孩子不好吗？

- 孩子是婚姻的调剂品，不仅巩固夫妻感情，还能让家庭气氛更和乐。
- 看着孩子一天天地变化，你的心里会产生盼望，对许多事情的看法也会改变。
- 有了孩子，双方融为一体，家庭利益被抬到了个人利益之上，彼此之间有了许多共同的目标，共同经历孩子从出生到长大的过程，会有很多共同语言，也多了许多交流的机会。

06 养生族：拥有健康的身体，才能一起实现梦想

健康的身体是让一个人幸福生活的根本之一，人如果没有健康的身体，再多的梦想都是空谈。所以为了保障婚姻质量，让彼此更快乐地投入生活与工作，我们一定要注重养生，好好照顾自己的身体。

你是个非常重视养生的人，你觉得没有健康的身体，一切都无从谈起，所以你需要的是一个身心健康的人与你携手共度未来。你认为婚前的体检是很有必要的，一旦发现对方的身体不够健康，你结婚的想法便会动摇。

如果没有健康的身体，一切都是空谈

如果一个人没有健康的身体，无论工作还是生活，难度都会加倍，甚至无法如常人一样过正常的生活。当一个人没有健康的身体，一切就都无从谈起。即便是相爱的恋人，在一方遭遇健康问题时，另一方恐怕也不一定有勇气走入婚姻。

所以，婚前健康检查是非常必要的。

首先要确认对方是否患有影响婚姻生活的疾病。性生活

是维系婚姻生活的重要因素，如果对方有生殖系统疾病，不但有可能影响夫妻性生活，还可能造成不孕。

其次，检查双方有没有家族遗传病史或传染病，比如地中海贫血或是先天性心脏病等疾病，以免影响下一代，给家庭造成沉重负担。

最后，确保对方没有患上重症疾病。如果你没有做好一辈子照顾一个人的准备，那么这一点尤其重要，与其在受到各种打击之后宣告狼狈离场，不如就不要开始。

人如果没有健康的身体，再多的梦想都是空谈。所以为了保障婚姻质量，让彼此更快乐地投入生活与工作，我们一定要注重养生，好好照顾自己的身体。

健康的身体来自和谐的家庭氛围

结婚以前，陶菱从来没有察觉到郝风性格里的异常，她只是觉得他有些不爱说话，像一座冰山，偶尔一笑，就像冰山里瞬间开出的雪莲，有种令人呼吸暂停的美感：她在他的笑容里沦陷了。她不顾亲朋好友劝她找个志同道合的人结婚的忠告，也不顾父亲以死相逼的阻止，毅然决然地嫁给了他，尽管彼时她对他简直一无所知。

结婚两年了，陶菱一直没有怀孕，公公婆婆看她的眼神都有些异样了，陶菱感到了巨大的压力。她不是没去医院检查过，看了无数的中西医，都查不出身体有什么异常。陶菱开始怀疑问题出在郝风身上，她试着让郝风一起去看医生，郝风只是淡然地耸耸肩，表示有没有孩子无所谓，无论如何他都不打算做检查。

陶菱对郝风根本无可奈何，他的父母也只是一味地责怪陶菱，陶菱忧愤交加。郝风又总是活在自己的世界里，根本不顾她的感受。陶菱想起结婚前亲友们对她的忠告，总是忍不住暗自后悔：自己抱了一座冰山，又怎能希冀从冰山那里得到一点儿温暖。

一年又一年过去，陶菱的处境日趋恶化，公公婆婆已经不再有丝毫顾忌，他们当面指着她的鼻子骂，并把所有家务活丢给她处理。“母鸡都会下蛋，你会干什么？”他们总是这样数落陶菱，陶菱心里满是凄苦，可是此刻她已无处可去。一结婚她就做了全职家庭主妇，父亲又宣告与她脱离关系，朋友们也因为受不了她满满的负能量而与她渐行渐远，她不知道自己还能去哪里。

在一次激烈的家庭冲突中，陶菱晕倒了，她住进了医院。医生告诉她，她得的是乳腺癌，已经到了晚期。陶菱的公公婆婆立刻甩手离去，临走时还刻薄地称这是上天给她的报应，而郝风只在医院露了一面便也失踪了。

《黄帝内经》中说，怒伤肝，喜伤心，忧伤肺，思伤脾，恐伤肾。一个人长期处在压抑的氛围里，久而久之身体便会出现异常。为什么有些人一夜之间愁白了头发？为什么有些人心思焦虑嘴里直冒泡？为什么热恋中的人总是容光焕发？

都是情绪在起作用罢了。所以，很多人都说，结婚一定要找一个与自己价值观相近又聊得来的人，如果这个人很有趣又有良好的健身习惯那就更好了，夫妻在一起开开心心、健健康康，这也就是白头偕老的秘密所在了。

相互尊重，切勿矫枉过正

朱凝初识吴松，便对他说：“我是一个十分注重养生的人，你不会介意吧？”吴松哈哈一笑，说：“养生很好啊！”在吴松看来，养生就是多锻炼，均衡饮食，是一件好事啊！养生的人身体更健康，体质也好，看朱凝那白里透红的肌肤和匀称的身材就知道了。吴松和朱凝正好相反，他不注重养生，因为爱吃美食，也不特别忌口，加上生活过得还算优裕，所以心宽体胖。但因为他很喜欢朱凝，所以别说朱凝热衷养生，就算她热衷养大象，他也会笑呵呵地接受，此时朱松并没有想到自己即将面临一种出乎意料的养生生活。

恋爱半年，吴松就与朱凝结婚了，他们住在一起后，吴松便立刻被朱凝的养生观震惊了——每一样食物都要经过精密的卡路里测量，低糖低盐少油，每天晚上九点半准时上床，十点准时入睡，早上五点准时起床，铺床叠被子，梳洗整理做早餐，跑步洗澡去上班，从来不买饮料、零食，坚决不吃路边摊……

刚开始的时候，陷于热恋的吴松半新奇半容忍地与朱凝过了一段养生的日子。可是天气一热他就受不了了，不能愉快地坐在路边喝着啤酒吃烧烤串，这对他而言简直是种煎熬！吴松知道朱凝视绝对不会和他一起去吃路边摊，但是没想到就连他自己出去也不行。每次吴松吃完夜宵回来，朱凝就和他冷战，看他的眼光里还带着“你已经无可救药”的轻蔑。结婚之后，在朱凝严格掌控的“养生管理”之下，吴松的啤酒肚确实小了不少，但是他的快乐也少了，他开始觉得有些悲哀：人生如果不能痛快地与三五好友一起吃吃喝喝、谈天说笑，还有什么乐趣可言？

吴松与朱凝的感情就在因生活观念不同而不断掀起的冷战里渐渐淡去，两个人最终选择了和平分手。办完离婚手续，两个人并没有很伤感，朱凝不必再担心吴松的健康，吴松也不必再压抑自己迎合朱凝，他们又回到了朋友的位置上。

尽管养生是好事，但别把自己的理念强加在他人身上。人生需要健康，可也需要爱与尊重。

- 《黄帝内经》中说，怒伤肝，喜伤心，忧伤肺，思伤脾，恐伤肾。一个人长期处在压抑的氛围里，久而久之身体便会出现异常。
- 结婚除了要找一个与自己价值观相近、聊得来的人，最重要的是这个人拥有良好的健身习惯，夫妻一起开心运动，保持健康，白头偕老。
- 养生也要适可而止，不能强迫家人和你一样。唯有家人认同并乐意尝试，才会真正达到养生的目的。

Chapter 5

家庭要美满，女人就要懂得经营的艺术

- 独裁者：若无平等交流，感情也就无处可栖
- 服从者：逆来顺受不是幸福的筹码
- 主导者：你是开放式还是封闭式主导
- 辅助者：乐于辅助，更要勇于担当
- 平等者：人生，总要有自己的姿态

家，永远是一个人的避风港，是一个人心灵的栖息地，一个幸福的家庭，需要全家人的默契配合，相互尊重又相互独立，即便性格不同也能融洽互补。然而，世上不如意总是十有八九，你总想营造一个最和谐的家庭，却发现倾尽全力仍不得要领。到底是自己站错了位置，还是努力的方向错了？

亲爱的你，不要勉强自己一肩扛起所有责任。
你必须让其他人有发挥的机会。
家庭是需要全家人共同经营的。

01 独裁者：若无平等交流，感情也就无处可栖

一个家庭中，每个人都是独立的个体，都有自己的生活习惯，我们应该相互尊重，不能总以自己的价值观去要求别人，也不能觉得自己就是家庭的主宰。当冲突发生时我们应站在对方的立场上考虑问题，为对方后退一步，让家庭更和谐美满。

你是个很有主见的人，也是家庭中的支柱，可以把家庭的所有事情都处理得妥妥当当，你的家人和孩子都很依赖你。同时，你也掌握着整个家庭的话语权，不管大事小事，你都自己拿主意，你的配偶或许懦弱，或许太爱你，在你的面前根本没有说话的权利，甚至被你管得死死的，无论做什么事情都要先征询你的意见才能去做。

然而，现实无法永远如你所愿，一旦配偶或孩子挑战到你的权威，你便会怒不可遏，你感觉到经营家庭的压力，感觉家人之间的感情似乎正在变化。如何才能让家庭变得更温暖，让家人关系更加和睦，你显然并无头绪。

一个健康而幸福的家庭，需要全家人的向心力，凡事一起讨论，每个人都提出自己的意见，围着一个共同的目标努力。闭目塞听地独裁，并不利于健康家庭氛围的营造。

别让疼惜你的人与你渐行渐远

鲍萱与顾阳曾经也是一对冤家情侣，恋爱伴随着不断的争吵。有一次鲍萱与顾阳吵架，一怒之下冲出马路，幸好顾阳及时推开了她，她才避开疾驰的汽车，捡回了一条性命。自此之后，鲍萱对顾阳的感情发生了改变，她认为一个男人可以为了救一个女人，连自己的性命也不顾，除了是爱她惜她如命，恐怕也没有别的解释了。不久之后，顾阳向鲍萱求婚，鲍萱毫不迟疑地答应了他。

婚后第二年，鲍萱生下儿子，为了更好地照顾儿子，也为了让顾阳无后顾之忧地冲刺事业，鲍萱决定辞职当全职家庭主妇，全心全意地照顾家庭。小到全家一天的饮食、每个人的衣着打扮、探亲访友的礼物，大到家里的理财投资，全都由她拿主意。一开始顾阳乐得清闲，但是很快他就觉得这个家的气氛变了。没错，鲍萱的确在为这个家付出，但是同时她也掌控了整个家，她不容许任何人质疑她的权威，孩子不行，顾阳也不行。

顾阳表姑家的孩子结婚，鲍萱说给五千块的红包，顾阳不同意，说表姑过去非常照顾他，给个一万块的红包吧。鲍萱立刻拒绝了，并表示这个月家里支出已然超过预算了，一顿数落之后，顾阳只好同意就给五千块的红包。

孩子上幼儿园，顾阳建议让孩子去稍微远一点儿的国际幼儿园，打好语言基础，但鲍萱坚持要让孩子在附近的小区幼儿园就读，认为幼儿园学到的知识有限，方便又便宜才是好学校，顾阳只好再次顺从了鲍萱。

顾阳想与几个朋友一起兼职创业，鲍萱听了立刻否决，因为创业就得把家里所有的积蓄拿出来，鲍萱觉得太没有安全感，坚决不同意……

这样的事情实在是太多了，多得顾阳都觉得麻木了，鲍萱总是站在自己的角度打理家庭，毫不顾及别人的感受，不容许任何人质疑她的权威，因为她都是“为这个家好”。

从一个独立女性变成家庭的独裁者，并不是鲍萱太强势，而是因为鲍萱为了经营一个家庭筑起防护的高墙，不允许任何人攻占她的领域。很多时候，女人的霸道，不过是源于内心的恐惧，因为除了家庭，她一无所有。

但是，亲爱的你，你的苦心与恐惧，家人可能永远无法明白，一旦他们不肯再忍受下去，你的家庭就会陷入困境，或面临支离破碎。经营家庭，感情只是基础，而真正决定生活幸福与否的，是当冲突发生时我们愿不愿意为对方后退一步。

磨刀霍霍，不如柔情以待

如果说鲍萱的霸道是出于自我保护，那么顾太太对家庭的掌控则是出于内心的控制欲。婆媳问题几乎是全世界共通的问题，顾太太也逃不出这个魔咒。她最看不惯儿媳杜蕾那没规矩的样子，站没站相，坐没坐相，还经常撇下孩子出去跟乱七八糟的朋友鬼混，身为儿媳妇却不肯侍奉公婆，真不知道儿子为什么要跟这样一个女人结婚。

而在杜蕾看来，婆婆完全就是一个无理取闹的人。以前朋友们找她一起吃饭、逛街，她都会高高兴兴地出去，开开心心地回来。但是结婚以后，朋友们再找她出去，杜蕾总要犹豫一下，然后拒绝，不是她不想出去，而是她不想再看到婆婆对着她冷嘲热讽的嘴脸。

而夹在母亲和妻子之间的顾烨，日子更是过得水深火热。一个小小的苗头都会在家里点起一场大火，婆媳吵起架来什么都不管不顾，他一个人既要安抚母亲，又得顾及妻子的情绪，还得保护孩子不受影响，有时候真是心力交瘁。

有一次，顾太太再次因为杜蕾乱放东西而与她起了争执，顾烨在劝阻中心脏病发作，进了医院。医生得知缘由后，批评了顾太太和杜蕾，让她们以后要顾及顾烨的感受，避免病人病情再次发作。

自此以后，顾太太和杜蕾努力减少争执。家庭气氛和谐后，顾烨的心情也好了很多，他时常与妻子和母亲聊天，让她们多理解对方，虽然她们一时半刻做不到亲如一家，但是潜移默化中彼此也懂得了相互尊重。

其实，一个家庭中，无论媳妇还是婆婆，都应该明白，每个人都是独立的个体，都有自己的生活习惯。我们应该相互尊重，多站在对方的立场上思考，凡事互相商量，多为对方着想，才是维系家庭幸福的关键所在。

- 很多时候，女人的霸道，不过是源于内心的恐惧，因为除了家庭，她一无所有。
- 经营一个家庭，首先你得了解在家庭中自己充当的是一个什么样的角色。角色确认后，就知道该怎么去经营一个家庭了。
- 要学会在意家人的感受，不要总是站在自己的角度打理家庭，不容许任何人质疑你的权威。

02 服从者：逆来顺受不是幸福的筹码

组建家庭应注重生活的配合度，彼此要能够共同成长，婚姻里的两个人应该是两个独立的个体，不要过度依附对方。总是陶醉在为爱付出之中的女人们，最终用自己的千依百顺感动了自己，却不能感动对方，以爱之名断送了一生的幸福。

你是个性格温和谦逊、通情达理的人，无论做什么事情都会先考虑他人的感受，很容易接纳他人的建议，因此有时候缺少主见，甚至给人懦弱的感觉。你的另一半刚开始会对你感到满意，但是当感情变淡后，他可能会因为你没有个性和主见而忽视你。

为什么你在家庭中会变成一个服从者？

原因很多，可能是你的另一半能力太强、太能干；可能是你自幼得到家人很好的照顾，习惯事事依靠别人；也可能是你愿意为家庭忍气吞声、逆来顺受。

如果你的另一半在持家理财上确实是你所不能及，那你完全可以做一个服从者，把家庭的大权交给他；如果你习惯于依赖你的配偶，你的配偶也很乐意给你依靠，为你安排一切，你也可以安心做一个服从者，只要保持独立的能力就好。

但是如果你是为了一个家庭的安宁，而选择逆来顺受，做家庭的傀儡，那么是时候要改变一下了。

你的委曲求全，只是换来他的得寸进尺

网络上曾经热传过这样一段文字：“人生的理想境界是，升职加薪，当上总经理，嫁入豪门，出任 CEO，走上人生巅峰。”周倩事业上虽然还没有走上人生巅峰，但是却早早嫁入了豪门，她的先生邵华年轻帅气，是一家大财团的继承人。结婚那天，很多好姐妹都说周倩真是上辈子做好事修来的福气，这辈子才能嫁给这么好的老公。对于姐妹们的恭贺或调侃，周倩只能咽下苦涩，笑着劝大家多喝几杯。

周倩能与邵华结婚，是付出了很多代价的。虽然邵华的父母并没有阻止儿子跟周倩结婚，却为周倩设下了很多条款，比如婚后要学着经营家族生意，两年内要为邵家生下一对子女，每个月的薪水不能拿回家……如果说这些条款都还可以理解，那么还有一些诸如每月探望父母次数不能多于两次，每次逗留时间不能超过 24 小时等显然就有些苛刻了。

但是周倩明白豪门难入的道理，加上她对邵华的感情是真的，所以还是选择了接受，默默地在婚前协议书上签了字。

邵家规矩很多，周倩都可以慢慢学习；企业里人事繁杂，周倩尽可能多方平衡，尽力为公公分担压力。一切看似非常平静地过了两年，但是同住一个屋檐下，怎么可能会没有摩

擦呢?

有一次，一位经理账务上出了错误，害得公司损失了一笔钱，公公狠狠地把经理骂了一顿，周倩看不过去，劝了公公两句，谁知道公公回过头来指着她的鼻子骂道:“你不过是我儿子脚下的一条哈巴狗，有什么资格在这里说话!”周倩顿时愣住了，她没想到自己一直以来尽心竭力的付出会得到这样的评价。

还有一次，周倩的母亲生病住院，周倩忙里忙外照顾了一整天，第二天邵华就打电话叫她回去，因为按照约定，她每次探望父母的时间不能超过 24 小时。周倩很无奈，公公却理直气壮地说:“当初我们同意你和邵华结婚，也是因为你还有个哥哥，有他照顾你父母和家里，你不回去又有什么关系?”

周倩愤怒至极，与公公大吵一架，仍然去了医院。邵华寻到医院，叫周倩回去，周倩不肯，最后还是被哥哥和父母一起劝回了家，他们都说，以后和她过一辈子的是邵华，还是回去吧，父母这边有哥哥照顾。

周倩虽然回去了，但是她觉得在邵家并不快乐，更不幸福，可她又能怎么样呢?离婚?她没有勇气。就这么委曲求全地过下去?又很不甘心。周倩长叹一声，她不明白为什么世人眼中羡慕的婚姻竟然被她过成了现在这个样子。

为什么强调婚姻里的两个人应该是两个独立的个体，不依附，不攀附，原因就在于依附别人获得的幸福往往伴随着太多的委曲求全。现成的饭菜也不是人人都能吃，自己动手得来的食物才能食得安乐。你渴望从一开始就不平等的婚姻里寻求自由与尊重，也不过是痴心妄想罢了。

你今天流的泪，正是当初脑子进的水

顾薇一调到财务部，立刻就注意到了办公室里一个叫蒋岚的女生，蒋岚长得娇小玲珑，却顶着一个大大的肚子，看上去格外显眼。

蒋岚早上总是风尘仆仆地拿着外面买的食物进公司，中午不是吃路边摊，就是点外卖。没几天顾薇就看不下去了，她问蒋岚："孕妇经常吃外面的东西不好啊，有可能不卫生，营养也不全面。为什么不带便当来吃呢？"

蒋岚不好意思地说："可能因为怀孕的关系，我非常嗜睡，又总是睡不够，经常赖床，有时候睁开眼已经快八点了，只能快快梳洗随便买份早餐就来上班。"

"你老公不在家吗？为什么他不帮你做饭？"

"他在家，但是他最近被公司裁员，心情不好。每天早上我上班的时候他还在睡觉，有时我下班回去时他也在睡。"

顾薇沉默了，这是一个多么不负责任的丈夫啊，但这毕竟是别人的家务事，她也不能多说什么，而且就算说出来，除了会让蒋岚更难过，没有任何帮助。

又有一天，蒋岚挺着大肚子来上班，眼睛红红的，还有些肿。顾薇问她怎么了，蒋岚话还没说出来，眼泪就已夺眶而出，哭了好一会儿，才道出原委。

原来，蒋岚昨天去刷存折，发现账户里竟然只剩下一万块，眼看着下个月又要还房贷，孩子也快生了，这点儿钱根本就不够用，于是就想从老公那儿拿些钱。老公立刻就生气了，一下子从床上跳下来，指着蒋岚的鼻子骂，说蒋岚嫌弃他不工作，不能赚钱。吵着吵着还把婆婆叫过来，婆婆来了之后认定蒋岚欺负了她儿子，还说了不少难听话。虽然婆婆临走时丢下一万块，但是如果丈夫一直不出去工作，每天就指望着蒋岚的那点儿薪水过日子，加上孩子就要出生，生活只会越来越捉襟见肘，她越想越难过，一夜都没睡好。

顾薇觉得有些不可思议："一个要靠女人来养的男人，你当初为什么会选择嫁给她呢？"

蒋岚叹了口气："还不是因为当初太年轻，不懂事，他长得帅，又懂得哄女生开心，我就晕头转向地嫁给了他。当时他还半开玩笑地说以后让我养他，我根本就没想到这会是真的！现在想来他根本就是一个毫无担当的绣花枕头……"

顾薇叹了口气，却不知道该怎么去劝解她，只是默默地倒了杯水，递给她，然后安慰地拍拍她的肩膀。外人所能给予的，或许只有这些了。

这个世界上永远不缺傻女人，恋爱时信奉"爱情至上"，除了吃喝玩乐什么都不想。可是婚姻不一样，走进婚姻的两个人是要高度配合，共同支撑一个家庭的。如果男方不肯努力，没有担当，女方又顺从男方，那么这个家庭怎么都不会幸福。

那些总是为男人的坐享其成、不思进取苦恼的女人，不要抱怨任何人，因为你今天流的泪，都是当初脑子里进的水。

所以，恋爱时讲究的是感觉，组建家庭则应注重生活的配合度，彼此要能够共同成长。总是陶醉在为爱付出之中的女人们，最终用自己的千依百顺感动了自己，却不能感动对方，以爱之名断送了一生的幸福。

你可以充分尊重对方，但是尊重不代表要放弃自己的原则，一切都听从对方的安排。逆来顺受只会换来更恶化的结果。一个家庭，就好似一条橡皮筋，你和另一半各自握着一端，你总是不肯用力去拉，对方就不会意识到你存在的价值；你把橡皮筋拉得张弛有度，对方也能打起精神，与你配合默契。健康的婚姻，不就是需要这样的一种配合吗？

- 别让自己成为依附他人生活的菟丝花，鼓起勇气去改变吧，不要就这么委曲求全下去。
- 如果你是为了一个家庭的安宁，而选择逆来顺受，做家庭的傀儡，那么是时候要改变一下了。
- 那些总是为男人的坐享其成、不思进取而苦恼的女人，不要抱怨任何人，因为你今天流的泪，都是当初脑子里进的水。

03 主导者：你是开放式还是封闭式主导

你擅长理财，家里的财政大权就应该由你掌控；他擅长打理房间，房间清洁整理工作就交给他；你对管教孩子很有一套，那孩子的教育问题就由你来负责……一个家庭的主导者往往决定了这个家庭的生活水平与和睦程度，并让每个人都发挥所长。

你是一个果敢、好强而独立的人，在家庭中占有重要的地位，是家中重大计划的策划者和主导者。你主导但不独裁，也肯听从其他家庭成员的意见，如果其他人的意见合理，你也会采纳。但是很多时候你行事过于强硬，有时候自以为是，做事武断，影响家庭良好氛围的构建，所以适时地让自己柔和、谦逊一些，多多尊重别人的意见，开放地主导会让家庭关系变得更加和谐。

你的优势在哪里，就去主导哪里

从十几岁开始，亲戚朋友们就经常当着傅莲的面说：女人啊，一定要掌握家里的财政大权，不能让男人把钱都攥在手里，男人有钱就变坏，会出去消遣、鬼混……

耳濡目染之下，傅莲结婚之前就要求未婚夫顾昂在婚后把薪水都交给她，也要让她掌控家中经济大权。顾昂很诧异，他不是不愿意把收入交给傅莲，而是因为傅莲实在是有些迷糊，经常忘东忘西，而且完全没有理财概念，但是为了让傅莲安心，顾昂还是把收入的大半交给了她，剩余的部分他留下来做投资。虽然他知道自己的“不老实”被傅莲发现了会有什么样的后果，但是为了替家庭买一个保险，顾昂还是这么做了。

果不其然，傅莲并不是一个擅于理财的人，她只会把收入悉数存入银行，还存了定期，因为定期最保险。顾昂劝她把家里的一部分资金拿出来放入股市，傅莲立刻惊恐地拒绝，说她的亲戚就是在股市里亏掉了全部家当的。顾昂说，那就买房产，他们手里的现金可以当作首付款，用以后的收入慢慢缴房贷，至少房市是稳定的。傅莲立刻又拒绝了，一想起要扛房贷，她就一个头两个大，觉得承受不来。

傅莲不听丈夫的劝说，却很笃信朋友的观点。当她得知周围好几位朋友都把钱投到一个高收益项目，并且已经赚得荷包满满时，立刻把钱一股脑儿地全部投了进去。谁知道傅莲刚尝到一点儿甜头，项目经理就拎着集资到的钱跑路了。傅莲得知消息后，失了魂魄一般回到家里，见到顾昂立刻失声痛哭，她也说不清原委，只是哭着、念着“钱没了，都没了……”

顾昂很快从朋友那里打听到消息，并迅速报案处理。警方告诉他，这是一起很典型的非法集资案，警方会迅速展开调查，至于资金能否追回，还得看以后的进展。

顾昂为了安慰妻子，把自己投资的本金和赚到的钱都提了出来，拿到妻子面前，将自己瞒着她做投资的事情全盘托出，并请求妻子谅解自己。傅莲叹了口气，又一把抱住了顾昂。她明白，这个男人，如果不是真的爱她，怎么会在这时候还在安慰她？又怎么会冒着夫妻失和的危险偷偷地为家庭做着投资？

傅莲默默地把钱推到丈夫面前，并告诉顾昂，她觉得自己还是适合操持家务，理财投资的事情就交给顾昂去做吧。

一个家庭的主导者往往决定了这个家庭的生活水平与和睦程度，并让每个人都发挥所长。你擅长理财，那么家里的财政大权就应该由你掌控，不要让别人左右你的决策；他擅长打理房间，那么房间的清洁整理工作就交给他；你对管教孩子很有一套，那孩子的教育问题就由你来负责……

一个出色的家庭主导者，可以使每个人发挥所长，分工有度，又能相互配合，这样的家庭主导者，就是家庭幸福的支柱。

给予所有人尊重，又能收放自如

赵卉与韩毅，可以称得上是众人眼中的神仙伴侣，虽然这个家里是男主内女主外，但是却搭配适宜，把里里外外都照顾得妥妥当当。

赵卉家的周末很惬意。韩毅喜欢与一帮朋友去骑单车，赵卉大手一挥，尽管去，家里的事她来打理。吃完早饭，公公去打太极拳，婆婆去广场跳舞，赵卉也二话不说，只把买菜清单交给婆婆，麻烦婆婆回来时顺路买菜。收拾妥当之后，赵卉带着孩子去绘画班，她自己则会找一家咖啡厅，喝着咖啡为下一阶段的工作做好计划。孩子绘画课结束，她带着孩子回家时，正好中午，婆婆清理房间，韩毅带孩子，赵卉做饭，吃完饭公公洗碗，收拾厨房，一家人各司其职，一切都井然有序。

当然，日子不可能永远过得如此顺遂，偶尔也会有一些小波澜出现。

有一次，赵卉发现韩毅回家的时间比往常晚了两个小时，赵卉问他为什么，韩毅说朋友们临时有事拉走了他，可是赵卉却从他闪烁的眼神里意识到事情并非这么简单，她让韩毅坦白从宽。韩毅眼见瞒不过去，就把前女友找他借钱的事告诉了赵卉。

原来，前女友的父亲得了重病，急需做手术，但是把所有的钱拿出来也不够，万般无奈之下向韩毅求助。可是韩毅却很为难，家里的财政大权一向掌握在赵卉手中，他虽然带着银行卡，可是一旦有大笔款项流出，赵卉一定会有所察觉。韩毅只好把皮包里所有的零用钱拿了出来，并难过地告诉前女友，自己真的无能为力。

赵卉听到这个消息，狠狠地瞪了韩毅一眼，第二天带着取出来的现金和韩毅一起去了医院，把钱交给了韩毅的前女友。看着前女友吃惊的眼神，赵卉拍拍她的肩膀，只叮嘱她好好照顾父亲，便和韩毅一起离开了。自此以后，韩毅看赵卉的眼神更多了一种敬佩。

未过门时，婆婆也很担心以后会与赵卉发生大家常说的婆媳问题。但是赵卉在结婚的当天就跟婆婆表明立场，自己绝对无意干涉家里每个人的私人生活和习惯，也会尊重每个人对这个家庭的付出。半年过去，公公、婆婆看到赵卉的以身作则和打理家庭的井井有条，便毫不迟疑地把家交给她来管。

现代女性就是这么内外兼修，不但脱离了传统家庭妇女的定位，并且在传统贤妻良母的基础上增加了职业女性的角色，心思细腻，又不乏智慧，并以出色的分析、协调、主导能力得到家人的信赖和尊重。这样的女性，就是一个家庭幸福三代的基础。

当然，男性作为家庭主导者的情况更为常见。在一个家庭里，相比较而言，男性更为冷静客观，更能掌控大局，但是在操持家庭琐事方面，心思细腻的女性更具有优势。所以，一个家庭无论由谁主导，都应该让各方发挥优势，相互协作，共同营造幸福的家庭氛围。

- 一个家庭的主导者往往决定了这个家庭的生活水平与和睦程度，并让每个人都发挥所长。
- 女人要适时地让自己柔和、谦逊一些，多多尊重别人的意见，开放地主导会让家庭关系变得更加和谐。
- 现代女性内外兼修，不但脱离了传统家庭妇女的定位，而且在传统贤妻良母的基础上增加了职业女性的角色，心思细腻，又不乏智慧。

04 辅助者：乐于辅助，更要勇于担当

很多女人为了家人鞠躬尽瘁，甘愿为家庭付出所有。为了让家庭变得更加美好，她们总是借着“为你好、为大家好”的名义进行各式各样的说教，但是这种形式，除了增加家人之间的摩擦、让自己变成“怨妇”外，没有其他任何作用。

你的性格温和，凡事不喜欢出头，也不喜欢争强好胜，所以家里有什么大事，都是由他人主导，你辅助完成。你的伴侣是你生命中最重视的人，你很渴望能与他一同营造一个幸福的家庭，但是因为家务琐碎，也难免会有一些不满或抱怨。这时，请记得一定要管住自己的嘴，话可以说，但切记不要像老太婆一样唠叨。

别让你的过度唠叨损耗掉家庭的和乐

孩子要去参加夏令营了，这是他第一次出远门。吕彤的心里真是七上八下，她不愿意让孩子去，可是丈夫却觉得孩子独自参加活动是一种锻炼，吕彤也明白这个道理，但是她始终放心不下。

再一次帮孩子整理衣领时，吕彤说：“记得妈妈跟你说的话，要跟着大队走，不要跟陌生人讲话，不要玩水，不要玩电动游戏，感觉有什么不对劲的立刻告诉带队的老师……”

“哎呀，妈妈，你放心吧！你说的这些话，我都记住了！”孩子的语气里带着明显的不耐烦。妈妈说的这些话，他早几年就会背了，偏偏妈妈还是每次都要再交代一番，真让人受不了。

吕彤终于克制住自己再次叮嘱的冲动，目送孩子坐上营车。丈夫拍拍她的肩膀，让她放心，可是她的心却悬得更高了。

送走了孩子，丈夫也要去上班了，吕彤看着他系好安全带，然后叮嘱他开车注意安全，别开快车，在公司要少说多做，别聊他人闲话……

丈夫只是点点头，吕彤哪里都好，就是缺乏安全感，话又多，不过如果唠叨可以让她增加安全感，他也就什么都不说了。对着吕彤摆摆手，他开车疾速离开。

吕彤回到家，正好看见婆婆把吃剩的面倒进洗碗槽，她立刻冲过去，从婆婆手中接过碗：“妈，我不是告诉过你吗？碗里有面的话不能直接倒进下水道，要滤掉面才行，不然容易堵塞下水道。还有，你今天早上的药吃了没有，中午要记得……”

吕彤的婆婆很无奈地摇摇头，吕彤哪里都好，就是话太多了，比她这个老太婆的话还多，她心底升起厌烦，借口吃药就走开了。

吕彤的唠叨真是这个家里的魔音，只要她在，总能听见这些话：东西要物归原处，上完厕所要掀马桶盖，吃完饭要主动把碗收进洗碗槽，鞋子脱下来要放进鞋柜……各式各样的问题，听多了真的是让人抓狂。当然，家人为此也没少吵架，遭到指责，谁的心里会痛快呢？丈夫不止一次与吕彤沟通，但是吕彤却不觉得自己有错，她都是为了这个家好啊！

很多女人都是这样，为了家人鞠躬尽瘁，甘愿为家庭付出所有。为了让家庭变得更加美好，她们总是借着“为你好、为大家好”的名义进行各式各样的说教，但是这种形式，除了让人觉得厌烦之外，几乎达不到任何作用。没错，你是好心，你是好意，但是这种好心好意除了会增加家人之间的摩擦，让自己变成“怨妇”外，没有其他任何作用。

没有人喜欢生活在负面情绪里。你的唠叨，很多时候只是你焦虑的表现，当你想宣泄自己的负面情绪时，想想家人的感受。与其唠叨不休，还不如给予家人鼓励及欣赏的微笑，这比什么都有效。

当风雨来袭，你是否能扛起整个家

鲁远是一位电视台主播，非专业出身的他，凭借着踏实刻苦的精神和富有亲和力的声音，赢得观众的拥戴。当然，鲁远事业上的成功也多亏了妻子沈萍的支持。

为了给鲁远一个好的生活环境，沈萍一肩扛下家里的所有重担。她找了一份兼职，上班之余还要照顾公婆、孩子，操持家务，再苦再累也从不告诉鲁远。鲁远只知道自己的妻子贤惠，却不曾想到妻子为了家庭做了多大的牺牲。

一次体检时，沈萍被查出患有胰腺癌，全家的幸福生活瞬间崩塌。为了更好地照顾妻子，鲁远把孩子送给父母照顾，然后申请调职，减少工作量，以方便陪伴妻子进行漫长的治疗。虽然心里很害怕，但是他知道，现在这个家要由他撑起，他是家里的支柱，无论怎么艰难，他都要牵起妻子的手，走过这段岁月。

在鲁远的悉心照顾下，沈萍的身体状况有了好转。鲁远打听到美国有一位医生在帮助癌症患者康复方面很有研究，于是召开家庭会议，说出自己的计划——送妻子到美国治疗，为儿子办理到美国留学的手续，让母子相依相伴。这个提议立刻被沈萍和儿子否决了。沈萍觉得鲁远生活能力差，美国花销大，自己这一走，鲁远的经济压力会很大，生活也没人照料了。儿子刚刚进入一所知名大学读书，也不想在一个陌生的环境里重新开始。但是在鲁远的不断劝说下，妻子和儿子都同意了，因为这的确是这个家目前最好的选择。

现在，鲁远的妻子已经平安度过了五年生死关卡，鲁远也从一个家庭的辅助者变成了主导者，把生活和工作都安排得井井有条。

一个成熟的男人，在家庭里不但可以作为这个家庭的精神支柱，也可以是一个乐于奉献的辅助者，但在需要的时候又能承担起一切，成为这个家庭的主导者。这就是一个男人的担当。

男人如此，女人亦如此。如今的女性，已经不是过往传统的家庭妇女，女性走入社会，与配偶一同承担起赚钱养家的责任，也有了参与家庭重大决策的能力，所以，在必要的时候自主决策，协调父母、配偶和子女的关系，也是我们应该扛起的责任。

有人说，一个女人可以影响到这个家庭三代人的生活品质，对家庭的和谐程度有着至关重要的影响，这句话确实很有道理。众所周知，一个善于处理婆媳关系的女性往往可以让家庭充满和睦；一个有智慧的女人可以为丈夫和孩子营造身心休憩的温暖港湾；一个性格成熟的女人可以对子女言传身教，影响孩子的人生观和价值观，让孩子拥有健全的人格。所以，身为女人，应该不断提升自己的涵养，乐于辅助，更敢于承担，为家人，也为自己，营造一个最好的家庭氛围。

- 对家人的关心要适可而止，别过度唠叨，让自己变成人见人厌的“怨妇”。
- 一个女人可以影响这个家庭三代人的生活质量，对家庭的和谐程度有着至关重要的影响。
- 一个成熟的女人，在家庭里不但可以作为这个家庭的精神支柱，也可以是一个乐于奉献的辅助者，在需要的时候又能够承担起一切，成为这个家庭的主导者。

05 平等者：人生，总要有自己的姿态

建立在平等基础上的家庭，夫妻之间的争执较少，甜蜜较多。多多了解对方、取悦对方，共同为家庭努力，相互尊重，相互支持，保持朋友般的真诚、亲人般的爱护、情人般的激情，是永葆家庭幸福的秘诀所在。

你是一个很重视公平、讲求公义的人，你认为家庭里的每个人都是平等的，维系家庭幸福需要大家的努力，家人之间应积极沟通，互相包容，互相配合，通力合作。所以在你的家庭里，往往充满着一种平等的气氛。但是同时，心目中的平等观念让你有些忽视对丈夫的关怀，有时会让一些小纠纷变得棘手，因为经营家庭不能只是说理，除了有平等的心态，你也得适当运用智慧。

女人何苦为难女人，解不了的千古难题

郁蓝决定跟致远结婚，是因为他孝顺，孝顺的男人人品总不会太差。

郁蓝决定跟致远离婚，也是因为他孝顺，跟孝顺的男人生活在一起，实在太累。

结婚的第一天，婆婆就拉着郁蓝的手说：“你们结了婚，我就可以退休了，以后这个家就交给你了。”郁蓝刚开始的时候并不觉得这句话有什么不对，但是没过几天她就明白了这句话的意思——儿媳妇就是来接婆婆的班，伺候儿子的。

郁蓝忙着做饭，让致远去扫地、擦桌子，致远刚拿起扫帚，婆婆看见了，立刻说：“男人做家务像什么样子，你不是要考试了吗？赶快去看书！”

郁蓝做好了饭，端出来时才发现桌子还没有擦，她压不住心头的怒火，对着致远说：“不是叫你擦桌子吗？怎么还是那么脏？”

婆婆清清嗓子，说道：“他快考试了，我让他去看书！没事，现在擦也不晚……”

郁蓝强忍住心中的不快，吃完饭就出去散心了。令她气愤的是，一小时后她回到家中，碗筷还在洗碗槽里泡着。

晚上，郁蓝跟致远谈了自己对婚姻的看法，致远都很认同，他也觉得男人做家务是应该的，但是因为母亲劝阻，他不想惹母亲生气，才没有去做。郁蓝建议他跟婆婆谈谈，致远去了，但是婆婆听了致远的话，立刻生气了，她大声嚷嚷起来：“媳妇娶回家就是相夫教子的，就是伺候老公孩子的，这些年我也是这么过来的……”

话越说越难听，尽管致远在一旁劝他妈小点儿声，但是婆婆根本就不听。郁蓝实在忍无可忍，走出来跟婆婆争辩了几句，婆婆立刻坐在地上像个失控的孩子，又哭又叫，致远站在一旁，一句话也不敢说。

郁蓝很失望，她带了几件衣服住进了酒店，致远去找她回来，但郁蓝却说宁愿租房子，也不愿再和婆婆住在一起。致远却表示他妈是不会让他们搬出去的，还请郁蓝原谅他妈："她再不对，也是我妈，你就忍忍吧！"

后来，在亲朋好友的劝说下，郁蓝还是回去了，但是首战告捷的婆婆觉得吃定了儿媳妇，更加趾高气扬。郁蓝在一次又一次的怨愤中伤心垂泪，她对致远越来越失望：这样的老公，不能保护妻子；这样的婚姻，充满着委屈，还有继续下去的必要吗？

不到半年，郁蓝就毅然决然地向致远提出了离婚。这世上，有哪个女人结婚是为了伺候别人，成为别人的附属，让别人来奴役的？

婆媳问题可说是古今中外普遍存在的社会问题，两个没有什么感情基础的女人住在一起，难免会发生冲突，这时男人的立场就显得非常重要。

面对父母的不合理要求，男人不能以孝之名让妻子顺从，而应该让父母明白，妻子不是家庭的附属财产，而是自己愿意拿生命去保护的女人。如果父母支使妻子做各种家务，自己应该赶紧去帮忙，让父母了解夫妻应该同甘共苦，父母一般也就能体谅并息事宁人了。

如果妻子有怨言，丈夫也应该劝妻子给予父母足够的尊重，多在双方之间说好话，就像俗语所说，"会做的两头瞒，不会做的两头传”。两头瞒的男人最聪明，不但能巧妙地消弭两个女人之间的不满，还能让两个女人互增好感。当然，最好的办法还是和父母分开住，直接避免冲突发生。

夫妻要有独处的空间，相互尊重

两个人之所以能结为夫妻，代表着彼此之间除了爱情，还有共同的生活理念、相似的价值观。虽然还是会因为观念不同或是处理事情的方式不同而产生争执或摩擦，但是毕竟双方之间有爱，还有最初选择一起生活的初衷不变，因此往往能大事化小、小事化无地让事件和平落幕。但是，如果此时两个人的生活之间多了长辈，那日子恐怕就难以平静，毕竟与长辈观念不同，习惯不同，强行融合必然会产生冲突。

很多夫妻单过时，男人都会很自觉地承担家务，也没有什么大男子倾向，但是一旦和父母住在一起，那些做家务的好习惯便会很快消失无踪。

婆婆不是妈，不可能看着媳妇就喜欢。小两口有个小争执，婆婆总会觉得儿媳妇不懂事，丈母娘也不可能看着女婿都顺眼。硬要住在一起，除了弄得一团糟，大家谁也过不好，所以，夫妻单过很有必要，即便没钱自己买房子，也宁可租房子，不要为了省钱硬和长辈住在一起，闹得最后感情都淡了。

夫妻独处也需要智慧，现在很少有人还会有“男人去赚钱，女人来顾家”的传统观念，男女平等几乎已经成了社会公认。女性走出家庭，在事业和家庭上都能独当一面，男性也不再像从前一样排斥家务，但是几千年的思想观念还是让男人和女人有着不同的心理属性。

男人的内心倾向于获得认同和尊重。有心理学家认为，男性在婚姻中最渴望得到三种情绪满足，分别是：能力得到肯定，努力得到感激，才华得到欣赏。无论你的丈夫现在事业进展如何，都要及时给予鼓励，肯定他为家庭所做的贡献，这是让男人增加信心的关键所在。

女人的内心则倾向于获得呵护和关注，很多人都说“女人是用来疼的”，女人需要的是男人发自内心的怜惜，每一个纪念日的小礼物，寻常生活里的小浪漫，以及生活细节上的关注，都会让她感受到爱与温暖。如果一个女人不再渴望从你的身上获得关注与呵护，不是她太过独立，就是代表她已经对你绝望了。

建立在平等基础上的家庭，夫妻之间的争执较少，甜蜜较多。多多了解、取悦对方，共同为家庭努力，相互尊重，相互支持，保持朋友般的真诚、亲人般的爱护、情人般的激情，是永葆家庭幸福的秘诀所在。

- 与丈夫保持朋友般的真诚、亲人般的爱护、情人般的激情，是永葆家庭幸福的秘诀所在。
- 维系家庭幸福需要每个人的努力，积极沟通，互相包容，互相配合，通力合作。所以不要以自我为中心，要能够与家人沟通，和平共处。
- 男人的内心倾向于获得认同和尊重，女人的内心则倾向于获得呵护和关注，了解彼此的需求，适时给予对方需要的，这就是家人。

Chapter 6

发挥你的高情商，好人脉就会一直来

- 分工者：家人之间不该只谈理，更需要谈情
- 冷淡型：微笑是最好的人际润滑剂
- 刻板型：永远不要对一个人的努力嗤之以鼻
- 直率型：别让好人缘折损在你的直率上
- 矛盾型：你的伪装，是为了让一切变得更好
- 圆滑型：真诚的关心，比什么都重要
- 热情型：会说，更要会听

良好的人际关系不只会让我们在事业上事半功倍，还能让生活多姿多彩，在经营家庭时也得心应手。但是人际交往却是一门十分高深的学问，如何快速掌握最适合自己的人际交往技巧？如何快速而有方法地解决自己的社交问题？快捷方式就在于你对自己情商的认知，并清楚地知道自己的社交优势与劣势在哪里。

亲爱的你，要知道好人缘不会从天而降。
用心经营，提高情商，
贵人就会与你相遇。

01 分工者：家人之间不该只谈理，更需要谈情

感情就是这样，当一方肯向另一方踏近一步，另一方也会往前走，渐渐地，距离越来越小，感情越来越深。既然有缘成为一家人，就应该把对方真心当作家人看待，多为家人考虑，少为自己担忧，这样不但会让家庭更加和谐，也能让自己生活得轻松愉快。

你是一个很重视公平的人，为人客观冷静，在你的观念里，夫妻就是一个家庭的两个合伙人，属合作伙伴的关系。所以，你与配偶各自经济独立，各自拥有财产，就连家庭支出都是AA制（活动的参与者平均分担所需费用），抚养孩子、赡养父母、生活支出，该自己做的事情主动做，不是自己的事情绝不做。

这样的家庭，多是再婚家庭，因为家庭关系复杂而采用这种家庭组合方式，但也有原生家庭出于追求自由或各种原因选择这种组合方式。这种家庭生活方式的确可以让你更方便地支配自己的时间和资产，获得更多自由，但同时也会因此导致夫妻感情淡薄，家庭偏于理性。

真诚地付出，两家人也能成为一家人

两年前，窦华的妻子去世，他独自带着女儿乐乐生活。后来，窦华认识了苏梅，苏梅也离婚两年了，跟儿子超超相依为命。苏梅和窦华交往一段时间之后，两人感觉不错，便决定结婚。

结婚之前，窦华和苏梅都很默契地提到了很多现实问题。窦华名下有两套房子，而苏梅一直租房居住。苏梅是个有骨气的人，她主动提出签一份婚前协议，夫妻双方的财产和收入各自独立，乐乐的抚养费用由窦华个人支付，超超的抚养费用也是由苏梅自己承担。就这样，一个崭新的四人家庭诞生了。

四人的家庭虽然平淡，却依然幸福。开始的时候，窦华和苏梅很严谨地执行着AA制，各自为自己的生活和孩子打算，有共同支出就记录下来，每月算好了账，分摊费用。但是渐渐地，两个人就觉得不太自在了，因为他们算得太清楚了，就好像同住在一个屋檐下的两家人，而且虽然支出可以分摊，但是很多事情真的算不清楚，以家务来说，一定是相对清闲的苏梅做得多些，窦华有时候要出差，两个孩子也是苏梅来接送。

窦华觉得愧疚，他为超超添置了大床，买衣服、玩具时也总是买两份；一起出去，苏梅看上了什么衣服、鞋子、包包，窦华也会买来送给她。当然，家里购买的米面油菜和水果，苏梅也从来没有向窦华要过钱，他们都明白，居家过日子，最要紧是一家人开心，算得太清了，除了生分、伤感情，并没有太大好处。

渐渐地，窦华和苏梅发现他们的日子没办法分得那么清楚了，后来除了两套房子还在窦华的名下，其他的部分，两个人已经不分彼此。对此，承担了家庭大部分支出的窦华觉得很坦然，在相处中，他感觉苏梅是个踏实过日子的好女人，对一家人都很实在、真心付出，对两个孩子也一视同仁。“这样的女人，肯跟我踏实过日子，我还有什么可顾虑的？”苏梅也觉得，窦华是个胸怀宽广的男人，对自己那么信任，对孩子又好，自己也没什么要求了，好好过日子就行了。

你看，感情就是这样，只要一方愿意向另一方踏近一步，另一方也会往前走，渐渐地，距离越来越小，感情越来越深。既然有缘成为一家人，就应该把对方真心当作家人看待，多为家人考虑，少为自己担忧，用真心才能换来实意，心胸开阔一点，这样不但会让家庭更加和谐，也会让自己生活得轻松愉快。

永远不要在家庭里寻求公平的分工

在家里，身为男人的狄凯收入比妻子葛灵高出一大截，自然工作也是繁忙的，这就导致他每天回到家里的时候，家务几乎都已经做完了。妻子葛灵经常喊着腰痛，让他也早点回来帮自己分担下家务。葛灵总是这么说，狄凯一时忍不住，便脱口而出“如果你赚钱比我多，我就多做家务”。但是，话一说完狄凯就后悔了，他笑嘻嘻地说自己开玩笑的。但是葛灵却认真了，她认为越是不经意的话，就越是真心话。

从此以后，葛灵不再把心思花在家庭上，她开始用更多的时间去学习，去寻找升职跳槽的机会。为了升职，葛灵开始加班，经常比狄凯还晚到家，一心冲刺事业的葛灵很快便跳槽到了一家新公司，收入比狄凯还要高，家务自然就交给狄凯来做了。

这下子狄凯有些苦不堪言了，妻子一加班，正在上幼儿园的孩子就得由他来接送。没过多久，狄凯就觉得上司看他的眼神有了变化，有一个本来由他负责的项目被上司转给其他同事了，上司拍着他的肩膀说：“小狄，你家里忙，但这个项目可能要常加班，还是让给没有家庭的人来负责吧！”

狄凯煮饭也不在行，做的菜不是没熟就是味道太淡或太咸，碗盘也洗不干净，经常把家里搞得乱七八糟。他深刻地体会到妻子以前打理家务的不容易，觉得自己以前那样说妻子真的是太过分了，家里哪有那么刻板而清楚的分工呢？没错，他以前是钱赚得比较多，但把“赚钱多的少做家务、赚钱少的多做家务”对等起来，就真的是大错特错了。

狄凯很诚恳地向妻子认了错，葛灵收到丈夫的道歉，心里的气也消了。自此，夫妻再也不因为家务分配而斗气，他们协商出一个折中的办法，谁有时间谁接孩子、做家务，而另一方必须给予理解和协助。就这样，狄凯的家庭重新恢复了和睦。

从经济学的角度来看，狄凯的观点的确是成立的，但是家庭不是经济学，经营家庭不仅需要理性，更需要感性。我们经常说“男人来自火星，女人来自水星”，两个来自不同星球的人想要和谐共处，需要相互包容，在对方需要帮助的时候伸出援手，在彼此需要支持时相互协作。

夫妻之间财务各自管理，自然也是有好处的。当财务分开，自己的钱怎么支配都不用征询对方的意见，想买什么就买什么，自由、开心。这显然比把家中经济大权都归给一方管理的感觉要好——掌握财政大权的人每个月只肯给对方一点儿生活费，那么另一方很容易心理失衡，家庭冲突也会由此产生。拿钱的一方也不见得就好过，每一项花销、每一笔投资，都得跟对方商量、交代，这其实是束缚了双方。

夫妻财务各自管理的坏处在于算得太清，感情生分，对家庭财富累积也是不利的。所以，还是要权衡利弊，适当调整，不能过分要求公平的分工，要让双方都能在享受自由的同时，又给予彼此安全感。

- 为家庭真心付出，对孩子一视同仁，家人之间要理性相处，但也不要忘记感性关怀与体谅。
- 夫妻之间财务各自管理，好处是自己的钱怎么分配都不用征询对方的意见，想买什么就买什么，自由、开心。
- 夫妻之间财务各自管理，坏处是算得太清，感情生分，对家庭财富累积是不利的，所以要权衡利弊，让双方都能在享受自由的同时，又给予彼此安全感。

02 冷淡型：微笑是最好的人际润滑剂

有人说，阳光和鲜花在乐观的微笑里，凄凉与痛苦在悲观的叹息中。单单是一个微笑就有这样神奇的力量，可以给人勇气，给人温暖，让人产生安全感。发自内心的眉开眼笑，能让人感觉到真诚、自然及如沐春风的舒适。

你是一个很谨慎、冷静的人，外表冷淡，自尊心强，不会轻易流露感情，不喜欢让别人看到自己的缺点，处事上不受人情世故束缚，看似个性刁钻难以相处，实际上你的内心却很温柔坦诚，是个比较慢热的人。如果有人真心对你好，你也会深受感动并谨记在心，投桃报李。

但是，你冷漠的外表很容易让人误会，产生不易亲近的感觉，无形之中给人造成压力，使你的人际关系一般，只有几个知心好友，因为了解你的人才能跟你成为很好的朋友。所以，如果你想要拥有好人缘，不妨坦率地表现自己真实的一面，不要掩饰自己的热情，让他人感受到你的善意，进而主动亲近你，这样才能拓展人际关系，身边的朋友才会越来越多。

你所要做的，不过是把微笑挂在脸上

纪荷与吴晴同是珍景小区的业主委员会成员，每次小区开会，大家都喜欢围着吴晴东拉西扯，吴晴只是微笑着倾听，时而颔首，偶尔附和几句。纪荷心里明白，吴晴的确为争取小区居民们的福利做了不少努力，可是她也没少做啊，很多事情都是她和吴晴一起完成的。

比如说院子里新种下的几棵树、孩子们的游乐设施，都是她们一遍一遍地跑到物业公司谈判出来的成果，但是为什么成绩出来后，大家都围着吴晴对她赞叹不已，却没有人肯和她说一句感谢的话呢？

没有对比就没有伤害，看到吴晴那么受欢迎，纪荷有些不开心。

吴晴瞧见了纪荷眼角闪过的一丝落寞，她微笑着向大家告别，拉着纪荷出了大门，一起散步。

吴晴歪着头盯着纪荷，笑着说："怎么了？你看起来好像不太开心呢！"

"没有！"纪荷装作若无其事地摇摇头。

"你知道我为什么喜欢和你在一起吗？"吴晴说，"看到你，我好像看到几年前的自己……"

四年前，吴晴刚刚怀孕，妈妈却生了病，她每天都要顶着初孕的痛苦去医院照顾妈妈，还得承受巨大的经济压力。有一天，吴晴走进病房，看见妈妈的眼睛红红的，吴晴吓了一跳，赶忙问妈妈发生什么了什么事情。

妈妈的眼泪又止不住地掉下来，说看她整天愁眉不展的样子就知道她现在生活得不好，还得花心力照顾妈妈，实在太辛苦了。

吴晴吓了一跳，她立刻明白过来，原来自己绷着的一张脸带给妈妈那么大的精神压力，于是连忙解释，自己不笑是因为孕期反应有点儿严重，感到很难受，等过了三个月就好了。

妈妈听信了吴晴的话，情绪才终于舒缓了。后来吴晴开始每天微笑出入，立刻发现周围的人都有了积极的反应：丈夫回家的时间提前了，和她聊天的时间更多了，出门前还会亲她一下；邻居们也会主动和她打招呼；妈妈不再胡思乱想，病情也很快稳定了……

说完这些，吴晴问纪荷：“你呀，就和当初的我一样，很热心，但是不懂得表达，也不懂得一个微笑就可以把人和人的距离拉得很近。如果让人感觉冷若冰霜，别人有话也不敢跟你说。其实，你只要肯笑一笑，大家对你的态度立刻就改观了。”

有人说，阳光和鲜花在乐观的微笑里，凄凉与痛苦在悲观的叹息中。单单是一个微笑就有这样神奇的力量，可以给人勇气，给人温暖，让人产生安全感。见面时微笑颔首，就是礼貌的招呼；冲突时的微微一笑，便是化解敌意的缓冲剂；

尴尬时微笑自嘲，可以拉近人与人之间的距离。当然，微笑不是勉强地笑，要发自内心的眉开眼笑，才能让人感觉到真诚、自然以及如沐春风的舒适。

巧妙地搭讪，可以让距离更近一步

当你懂得用微笑拉近距离，那么搭讪会让你离好人缘更近一步。

乔·吉拉德，是美国汽车销售界的传奇人物，他除了总是面带微笑，并没有什么出众的地方。他没有强大的后台，没有三头六臂，还有严重的口吃，在35岁之前，乔·吉拉德甚至无法给妻子衣食无忧的生活。但是，就是这么一个看上去再普通不过的男人，成了美国的汽车销售大王，他的成功秘诀之一，就是总能与顾客巧妙搭讪，并迅速给别人留下好印象。

只要见过一次，乔·吉拉德便会记住对方的名字，再见面就会像老朋友一样打招呼："哎呀，这么长时间没见，你到哪儿去了？"如果客人并没有买车的意思，乔·吉拉德也会招呼他到自己的办公室坐坐，聊聊天，喝杯水，让人感觉轻松愉快，以后想买汽车了，乔·吉拉德往往是他们的首选。

对于初次上门的客人，乔·吉拉德也会热情地上前招呼，如果客人局促不安地表示，自己只是随便看看，乔·吉拉德也不会有丝毫不满，他会微笑着说："不管买不买，能够见到你，我就很高兴……"简单几句话就化解了尴尬，随后他还会和客人聊起对方感兴趣的事情。

当客人要离开时，乔·吉拉德也不会因顾客没买车而有丝毫不快，他依然会笑呵呵地和顾客告别，请他下次再来。就是因为始终微笑，充满热情，乔·吉拉德赢得了很多客人的信赖。人们感觉和他在一起很舒服，不但在需要买车的时候会很自然地想到他，还会介绍朋友到他那里买车。

当然，我们不必要求自己成为像乔·吉拉德那样的销售大师，但是掌握一点搭讪的技巧便可以让我们轻松拉近与对方的距离，又何乐而不为呢？

搭讪的话题并不难选择，共同的朋友、地缘关系、兴趣爱好、最近的信息……都是可以搭讪的话题，就像英国人见面总是问天气一样，聊天有了开始，以后的进展就会顺利得多。

搭讪不要太功利，否则不仅容易把别人吓跑，还会给人留下势利、猥琐的感觉。你的人际交往，开始于微笑，在搭讪中发展，围绕着对方感兴趣的话题展开，好人缘就会轻松到来。

亲爱的你，请勇敢地摘下冷漠的面具，带着微笑，经营你的好人缘吧！

- 只要一个微笑，就可以把人的关系拉得很近；只要一个微笑，就可以让对方心里觉得暖暖的。你今天微笑了吗？
- 搭讪不要太功利，这样不仅容易把别人吓跑，还会给人留下势利、猥琐的感觉。
- 冷漠的外表容易让人产生不易亲近的感觉，无形之中给人造成压力，试着坦率地表现自己，不要掩饰你的热情。

03 刻板型：永远不要对一个人的努力嗤之以鼻

人际沟通，首先要注意掌控交谈的气氛，不管问题怎么严重，都要有话好好说。沟通时，不要刻意追究对错，要有同理心，能站在对方的立场上看待问题，对对方正确的地方及时给予肯定和赞扬，这样解决问题，便能事半功倍。

你是一个理性的人，做事很有条理，头脑清晰，意志力比较强，凡事追求完美，尤其希望在外人面前保持一个完美形象，但是内心封闭，无法和人深交，很少与人沟通，有时为了保持人际和谐会说一些善意的谎言。

因为不敢或不好意思，你很少拒绝别人的请求，给自己带来了不少困扰，有时承受很大的压力却不肯倾诉，很少有人知道看起来无所不能的你内心压力其实很大。你也渴望能得到别人的关心和肯定，但是总把自己隐藏起来。想与周围的人建立亲密友好的关系，不能只靠自己的妥协与隐忍，更多时候，勇于沟通、倾诉，让别人知道你的想法，才能在获得好人缘的同时，也不委屈了自己。

敢于倾诉，敢于沟通

史蔓与袁卿是大学同学，毕业后又被同一家公司录用，虽然她们的互动不多，但在物价高昂的大城市，两个刚毕业的女孩子没有能力买房，甚至没有能力为自己租一处好房子，于是两人决定合租。她们找了一间不算破旧的房屋，租了下来，房子不大，只有两个房间和一个厕所，不过两个女孩住起来还算舒适。

既然是合租，那么房租由两个人均摊，公共区域的卫生也由两人共同清理。第一周由史蔓打理，她是个很爱干净的女孩，每天都把厕所和自己的房间打扫得干干净净。但是到了袁卿值日时，卫生情况就大打折扣了。她一个星期只有两三天会想起来用扫把随便在地上划拉几下，垃圾桶也总是满得再也放不下垃圾时才会去倒一下，导致房间里经常飘着复杂的气味。史蔓很想发脾气，但是一想到这样做会伤了两个人的和气，就又忍下去了。为了维持室内的整洁，史蔓不得不在袁卿值日的那周，负起清理环境的任务，袁卿发现地上总是干干净净的，垃圾桶里也没什么垃圾，也就不再打扫了。

有一天晚上，史蔓正准备就寝，突然发现墙上趴着一只蟑螂，她立刻吓得大叫起来，把隔壁的袁卿都惊醒了。袁卿揉着眼睛走进史蔓的房间，看见蟑螂，蹑手蹑脚地脱下拖鞋，“啪”的一下，正中蟑螂。史蔓瞪大了眼睛，半晌才对她竖起了大拇指，袁卿笑了笑，说：“这没什么，原来老家环境差，我经常跟它们打交道！”

两个人坐下来，一聊就是两个小时，史蔓从袁卿口中听到了另外一个世界，而袁卿也从史蔓口中了解了一个都市女孩的喜怒哀乐。说着说着，就说到了她们共同租住的房子，袁卿不好意思地表示，自己的卫生习惯不好，以后会慢慢改进。史蔓觉得不可思议，原来困扰了自己半年的问题就这么轻轻松松地解决了。在以后的日子里，袁卿果然遵守诺言，认真地打扫环境，遇到水池或地砖洗不干净之类的问题，还积极向史蔓请教，两个女孩就这样变成了好朋友。

你看，令史蔓头痛的问题就在一次沟通中轻轻松松地解决了，所以，不要总觉得“少说话，多做事”才是对的，很多时候，当我们为某些问题困扰的时候，适时沟通就是解决问题的最好办法。如果什么也不说，别人永远不知道你在想什么。当然，沟通也要讲求技巧，恶劣的态度只会让问题变得更加棘手。

人际沟通，首先要注意掌控交谈的气氛，不管问题多么严重，都要有话好好说，沟通时不要刻意追究对错，要树立沟通只是大家在观念、立场不同时的交流及协调而已的意识。此外，沟通还要有同理心，要能站在对方的立场上看待问题，多微笑，多倾听，表达自己意见时也不断然否决对方的立场，对对方正确的地方及时给予肯定和赞扬，这样解决问题，便能事半功倍。

敢于拒绝，敢于做自己

李爱是一个很有能力的人，年纪轻轻就当上了经理，亲戚朋友求她办点事情，她也不推托，总会在别人需要时及时施以援手。

表妹搬家要李爱帮忙，李爱就去帮忙，烈日炎炎下挥汗如雨也毫无怨言。

邻居借她的新车去郊外玩，李爱不想外借，但是碍于面子，还是借出去了，结果车子回来，多了两道剐痕，邻居装作不知道，也没帮她修复，只是道了声谢就走了。

会计部的女同事算错了账目，眼泪汪汪地找李爱帮忙补救，李爱叹了口气，求爷爷告奶奶，终于挽回了损失，女生感激涕零地走了。

表哥失了业，请李爱帮忙介绍工作，李爱看了表哥的履历，实在没有什么亮眼独特之处，但是碍于情面，李爱还是帮他进了自己所在的公司。

虽然每一次帮别人的忙都没有什么回报，但是李爱甘之如饴，能够帮得上忙，总归还是因为自己有能力。但是很快她就发现，有些别人可以自己搞定的事情，也会叫她去帮忙。

有些人很没礼貌，连声谢谢都不肯说，还有些人找李爱帮忙好像是给她莫大的面子。李爱感到既烦恼又困惑，那些得到她帮助的人理所当然得让人生气，但是因为担心影响人际关系，她又不敢拒绝。

现实就是这样，别人觉得你好说话，便有点儿事就来找你帮忙，如果你懂得适时拒绝，那么他们那些原来需要他人帮忙的事情也可以自己做了，这其实就有点儿“人善被人欺，马善被人骑”的意思。所以，避免自己成为烂好人，一定要在该拒绝的时候勇敢说“不”。

当然，拒绝一个人需要很大的勇气，我们总担心拒绝别人会影响自己的人际关系，其实，只要你掌握一定的技巧，巧妙地拒绝，不但不会影响你的人际关系，还能让你树立起“有原则”的形象。所以，在别人真正需要帮助的时候伸出援手，在遇到自己不想做、不愿做、不该做的时候巧妙拒绝，这样才能避免在假想的评价中焦虑，也不会为自己的懦弱而不安。

拒绝别人，要把握时机。强硬的拒绝会伤害对方自尊，我们在拒绝对方时应该注意自己的态度，以平和的心态、真诚的口吻，耐心告诉对方自己不能帮他的原因，避免让对方尴尬。再进一步，拒绝他人的同时，我们可以站在对方的角度帮他出主意，让他明白，不是你不肯帮忙，而是你实在是力有不逮。为了避免双方陷入尴尬，你也可以旁敲侧击地让对方明白你的感受，讲明自己的态度和立场。

- 避免自己成为烂好人，一定要在该拒绝的时候勇敢说“不”。
- 拒绝别人要把握时机，强硬的拒绝会伤害对方自尊，以平和的心态、真诚的口吻，耐心告诉对方自己不能帮他的原因，避免让对方尴尬。
- 想与他人建立亲密友好的关系，不能只靠妥协与隐忍，要懂得沟通、倾诉，让别人知道你的想法，才能既不委屈自己，也能获得好人缘。

04 直率型：别让好人缘折损在你的直率上

别总觉得自己善意的批评就应该得到别人的认同，就算再深厚的交情都需要委婉的说话技巧。因为无论是谁，被人否定或者批评，都是一件很让人不舒服的事情，因为被伤害的不仅是自尊，还有自信心。

你乐观开朗，积极进取，行事果断，经营事业和家庭都很有自己的一套。你崇尚自由，为人坦率，不拘小节，身边有不少真心朋友，他们欣赏你正直的品格，乐于与你交往。但是，你直率的个性有时却很容易伤人于无形，你不会说什么客套话或恭维话，很容易把自己内心的真实想法全盘托出，有时候会让人很反感，所以建议你在说话前先站在别人的角度想一想，拿捏好说话分寸。

别让你的好心伤害了最亲近的人

严雪是个很好的女孩，人长得美，个性体贴，也很讲义气。她唯一的缺点就是说话太直接，直接到让很多人受不了。

与朋友许久不见，她高兴得搂着对方亲昵地端详了一番，便笑着说："你怎么又晒黑了，防晒做得不够吧！"

正为皮肤变黑而苦恼的朋友，听到她这么说，气得恨不能打她两拳，她却笑嘻嘻说："不好意思啊，我说话就这么直。"

逛街到中午，严雪和朋友进餐馆吃饭，朋友点了一份超级套餐，吃得津津有味，严雪嘴里啧啧道："吃这么多，你不怕变胖吗？看看你现在，衣服起码得穿 L 号了吧？还吃！节制一下好吗？"

朋友闻言，有点儿悻悻然，顿时没了食欲。

严雪哈哈一笑，又说："你别在意啊，我也是为你好。"

朋友熬了两个晚上，完成了一个文案，让严雪给点意见。严雪看了十分钟，然后皱起眉头，毫不客气地展开了一连串批评："你写的这是什么东西？如果不是你写的，我恐怕连 1/10 还没看完就放弃了……"

听着严雪的话，朋友的脸色越来越阴沉，最后她实在忍受不住，一把夺过严雪手中的稿子，气呼呼地说："既然你这么讨厌我写的东西，我以后都不拿给你看就是了！"

严雪见朋友的语气不对，忙说："我也是有话直说，没什么恶意，你真的生气了？"

朋友眼里含着泪水，这是她两个晚上不眠不休的作品，即便不完美，也是她的心血，却没想到被严雪批评得一文不值，实在是太伤人了，她不能忍，转身就走了。

严雪愣愣地待在原地，她不知道为什么自己的一片好心，会成为伤害好友的利剑。可是她们相识这么多年，朋友难道还不了解自己吗？不是应该早就习惯了自己的直脾气吗？为什么她还会生气？

严雪不知道，她直率的言语，听在别人的耳中是什么感觉。一个人倾尽心力去完成的作品，却被别人肆意批评，那种愤怒、失落，恐怕大多数人都无法忍受。

所以，别总觉得自己善意的批评就应该得到别人的认同，就算再深厚的交情都需要委婉的说话技巧。因为，无论是谁，被人否定或者批评，都是一件很让人不舒服的事情，因为被伤害的不仅是自尊，还有自信心。

所以，当你想要去批评或者评价别人的时候，一定要记得修饰想要说的话，赤裸裸的表达和包装之后的委婉，效果必定有所不同。

多听听身边好人缘的亲友或同事们是如何说话的，尝试学习他们的说话技巧，在不得罪对方的情况下，把想说的话说进对方心坎里，让对方虚心接受，才能真正达到沟通效果。

爱与关怀，更要站在对方的角度来考虑

雷玉是个很直率的女孩，她性格豪爽，说话做事从不拐弯抹角，戚安正是因为这一点爱上了她，但是他没想到，也是因为雷玉的性格，婚后他们发生了许多的争执。

婚后，戚安工作很努力，深受老板器重，但是因为行业不太景气，戚安的薪水一直没调过。眼看周围的人加薪的加

薪，创业的创业，雷玉很焦虑，他们居住的房子不过两室一厅，眼看着儿子越来越大，雷玉也想换一套大房子。于是她开始对戚安有怨言，一会儿说这个姐妹的老公会赚钱，一会儿说那个姐妹的家里换了一套多么宽敞的大房子，最后还总结地抱怨一句："我们什么时候才能有钱换一套大房子呢？"

戚安很烦，却也很无奈，他难道不想多赚点儿钱吗？只是每个人的际遇不同，机会不是轻易就能抓住的。在机会到来之前，他所能做的，也只能在现在的公司先做着，在妻子的面前先忍着。

雷玉在老公那里碰了软钉子，又开始挑剔起儿子的各种小毛病。儿子做完作业，刚坐在电脑前想玩一会儿游戏，雷玉立刻对着儿子唠唠叨叨，让他千万要争气，作业做完了可以预习，可以多看看课外读物，多学一点儿其他的知识充实自己，将来才能赚大钱，千万别跟爸爸一样，守着一份赚不了大钱的工作，领着微薄的死工资……

雷玉总是这样数落丈夫、教训孩子，她并没有察觉到自己这么做有什么不妥，她理所当然地认为，男人总需要一点儿鞭策才能上进，孩子总需要管教才能成才，在家人面前有话直说，这又有什么错呢？可是，在她的频繁"督促"下，丈夫的心与她渐渐远了，孩子对她的感情也渐渐淡了。

事实上，很多亲人之间的伤害，就是由这种错误的表达方式引发的。你总是觉得自己是一番苦心，换作外人，你才不会与他们说这么多，可是，你的这一份不加掩饰的苦心，最终却伤害了最亲爱的人。

仔细想想，其实人与人之间的很多伤害并非出于恶意，只是表达方式的不当。这么说，并不是让我们保持缄默，而是当我们对别人提出意见时，要稍微委婉一些。比如，当朋友穿了一件不合适的衣服时，我们可以说“我觉得你穿另一件衣服会让人感觉更舒服”；如果孩子沉迷于游戏，我们可以说“如果你现在能休息一下，帮我做一件事情，我会觉得很开心”；当别人处理一件事情的方式我们不太认同时，我们可以说“你这样做没什么大问题，但是我觉得如果那样做可能会更好”或者“如果我是你，我会……”，很多时候，委婉的表达方式，会带来更好的效果。

所以，亲爱的你，无论什么时候都要记得，你的有话直说并不是大气，很多时候更是情商不够的表现，别总觉得说话委婉是虚伪，那只是你个人的偏见。每一个有思想的人都是一个独立的个体，都需要他人尤其是亲人的尊重和支持。以客气的方式联络感情，以委婉的方式传达意见，这才是亲密的爱人之间、熟悉的朋友之间、血脉相连的亲人之间正确的表达方式啊！

- 每一个有思想的人都是一个独立的个体，都需要他人尤其是亲人的尊重和支持。
- 个性直率很好，但有时却会伤人于无形，造成他人反感。建议在说话前先站在别人的角度想一想，掌握好说话的分寸。
- 有话直说并不是大气，很多时候更是情商不够的表现。不论是亲密爱人、熟悉的朋友，还是家人，你都应该在思考后再说出你想说的话。

05 矛盾型：你的伪装，是为了让一切变得更好

一位著名的谐星曾经在访谈节目上说，他在电视上呈现给观众的，总是活泼有趣，各种戏谑、搞笑，让人捧腹，但他私底下却是一个很内向的人。一个成熟的女人也是如此。懂得面面俱到，让周围的人都感觉舒服，这是情商高的表现。

你是一个很理性又有才华的人，即便取得很大的成就也不会骄傲，你很看重人情世故，也渴望得到别人的认同，虽然总是表现得很沉稳，给人宠辱不惊的感觉，但有时候也会为了赢得别人的认同而伪装自己，这让你觉得很痛苦。其实，人生在世，需要处理的难题和人际关系那么多，你的痛苦，不过是在走向成熟过程中所经受的历练而已，不必太在意。

与其在单纯里受伤，不如在伪装中成熟

同学聚会上，岑音喝醉了，她搂着好友姚珊的肩膀说了许多话，有关于曾经美好校园生活的回忆，也有这些年她在生活、工作中发生的蜕变。

岑音是一个内向的人，但爱憎分明，她最看不惯那些为

了赢得老师好感而挖空心思、刻意奉承的同学。“一见他们那虚伪的样子，我便心生鄙夷。”岑音对姚珊说，“我才不要做这种人，我宁肯什么都不要，也不做那种为迎合别人而伪装自己的人。”

但彼时的言之凿凿，后来却成了生活响亮的耳光。

一个人没有相应的资本、实力，却又不肯迎合现实，那么除了在行进中不断地跌倒，什么也不会获得。

岑音的上司是个心胸狭窄的人，一次决议时，只有岑音不肯附和他，虽然后来证明上司的决策是错误的，但是岑音依然受到了他的暗箭重伤。上司总是将苦活、累活交给她做。每一次，上司都会皮笑肉不笑地对岑音说：“你能力强，以后组里的困难问题都得由你来扛起了。”

岑音明白，这不过是上司在打压她，她依然咬牙扛了下来。但是岑音毕竟是个女人，长年累月在公司加班造成了她与丈夫关系恶化。丈夫劝她换工作，因为她已有身孕，不能这么操劳，但是她却为了赌一口气，坚持不肯辞职，她要证明自己的出色。

结果呢？

年终的优秀员工评选，上司推荐的却是另一个人，虽然那个人除了人缘好之外并没有什么优点，岑音的辛苦付出也只是为上司一人赢得了升职的机会。她苦笑，她不解，上司当着她的面把厚厚的奖金塞进口袋，然后拍拍她的肩膀说：“好好干，我看好你。”

那一刻，岑音真想狠狠地甩他一个耳光，但是她不能，她不能因此失去工作。慢慢地，岑音也学会了伪装，她不再是会议上据理力争、工作上勤奋努力的傻女生，她变成了附和上司、不再疯狂加班的新妈妈，她有了更多的时间去照顾孩子，照顾家庭，日子又回到了从前的平静。

她也把工作上的那一套运用到生活中，当丈夫征询她的意见时，她附和他，肯定他，即便她的内心并不认同。但是，岑音很快就发现她的工作顺利了，丈夫看她的目光也多了欣赏，他甚至变得爱做饭了，只因为某一次他把饭菜烧焦之后，她依然大赞美味。

第二年，依旧勤奋工作的岑音被选为优秀员工，她拿着获奖证书和厚厚的奖金感慨万千，原来，这个世界有时候是需要伪装的。

其实，谁不是在被社会慢慢改造呢？没有人喜欢伪装，人人都渴望做真正的自己，但是社会告诉我们不可以，我们总得权衡利弊，总得顾虑他人感受，在没有足够的实力和资本之前，人是没有资格任由自己被人讨厌而毫不在意的。

其实，只顾自己，只做自己，并不全然都是好处。一个成熟的女人，往往更懂得面面俱到，让周围的人都感觉舒服。这是情商高的表现，也是赢得大家尊重的资本。

伪装，是人际关系更为成熟的表现

姚珊是一个有点儿内向的女孩，在众人眼中，她总是沉稳严肃，性格清高，不了解她的人根本不敢靠近她，但是熟悉她的朋友都知道她其实是个很热心的女生。朋友建议她多笑笑，因为口才一时半刻无法练就，但是学会微笑的难度并不大，至少可以拉近她与别人的距离。

开始，姚珊觉得对着别人笑是一种很傻的行为，所以笑起来很生硬，后来朋友干脆让她练习一种职业的笑容，每次见到人就这么摆出来，就像戴了面具一样。这一招果然好用，姚珊很快就熟练地使用了她的“笑容面具”，后来，笑容便总是凝结在她的脸上，她不再感觉笑容是一种让人不舒服的面具，而是遇到人便自然呈现的美好。微笑变成了她的一种习惯，大家开始觉得姚珊其实也是一个很随和的人，虽然她依然不善于和别人打招呼，但是相遇时的微微一笑，总是给人如沐春风的感觉。

姚珊是在伪装吗？是，也不是。或许最初，她是因感受到了人际关系的重要性而微笑，她的微笑是功利性的，但后来却也成了习惯，让她处理起人际关系时更加成熟自然。这是一种进步，是一种成熟，是我们每个人在融入社会后对自我的改造。

一位著名的谐星曾经在访谈节目上说，他在电视上呈现给观众的，总是活泼有趣，各种戏谑、搞笑，让人捧腹，但他私底下却是一个很内向的人，跟很多人吃饭会觉得紧张、不舒服，参加有很多陌生人的聚会时更是如坐针毡。一个如此内向的人，为什么可以在台上表现得如此活跃呢？说到底，这也是一种“伪装”。在台上，他是一名随剧情需要而随意更换面具的演员；在台下，他便是真实的自己。其实，我们又何尝不是演员呢？

为了赢得好人缘，我们在脸上粉饰笑容；为了让上司维持权威，我们假装错在自己；为了让父母快乐安心，我们假装过得无比幸福；为了不让配偶担心，我们假装不知疲倦……你看，虽然在伪装，但是我们所做的，不过是为了维系美好、避免受伤。这种为自己设置的保护色不会伤害任何人，甚至能让别人心情愉悦。

曾有某机构做过一项关于不同群体偏好伪装的调查，结果证明，越是收入水平高、教育水平高的人，偏好伪装的程度越高，因为越是精英，考虑得越多，顾虑也就越多；而那些越是涉世未深、收入一般、教育程度不高的人，越是敢于无所畏惧地阐述自己的真实想法。

现在的你，还在为自己的伪装而痛苦吗？

- 为了赢得好人缘，有时我们可能会伪装自己，但是我们所做的，不过是为了维系美好、避免受伤。
- 试着让微笑变成一种习惯吧！微笑着和别人打招呼，相遇时微微一笑，可以给人如沐春风的好印象。
- 做自己很好，但是一个成熟的女人，往往更懂得面面俱到，让周围的人都感觉舒服。这是情商高的表现，也能赢得大家的尊重。

06 圆滑型：真诚的关心，比什么都重要

圆滑，不是滑头，更不是投机取巧，它是一种在通晓人情世故后做出的合理周到的人事处理方式。一个人，在不违背自己原则的前提下，懂得去照顾别人的情绪，这又何尝不是一种有修养的处世之道呢？

你是一个成熟稳重的人，进退有度，凡事按部就班，通达人情世故，是众人眼中的好好小姐，大家都喜欢和你在一起；你也是一个很有同理心的人，总是可以感受到别人的心情，对方总能从你那里得到安慰；你还是一个很冷静的人，喜欢研究问题，很会权衡利弊。但有时你会因为太过保守而意见多变，给人不可信赖的感觉，所以，在处理人际关系时，还需多多用心，切莫给人留下“滑头”的印象。

圆滑不是投机取巧，而是处事更为周到

沈良和姚达是一所大学的导师，但是每一年，沈良手下的研究生数量都是爆满，而姚达却总是招生不足，即便偶尔招满，也总有学生中途离开，转到沈良那里。姚达感觉很受伤，

他工作兢兢业业，对学生辅导也很尽心竭力，为什么学生们还是要到沈良那里呢？后来，一位学生喝醉酒之后和他进行了一番恳谈，姚达才明白了其中缘由。

文学系的学生每年都会做期末设计，要发表论文，临近毕业的毕业论文更是关键之一。因为难度高、工作量大，每年都有学生投机取巧，有时从外面找枪手，有时直接从书上抄袭。对于这些问题，姚达绝对不会容忍，每次他有所察觉，都会对当事学生严厉斥责，被他骂哭的学生不计其数，同学们都说姚达是一个苛刻的老处男。

至于沈良，虽然也会遇到学生抄袭或请枪手的情况，但是每一次，他都会与学生坐下来好好谈心，分析论文写作角度，帮助他们解决写作过程中遇到的难题，有时还与学生一起吃夜宵，聊聊天，分享生活近况。学生挨了他的批评，却不会记恨他，反倒把他视为值得信赖与尊重的师长。

其实，姚达和沈良都是很有原则的好导师，但是因为两人处理问题的方式不同，得到的学生回馈也截然不同。姚达的不通情理让他失去了学生的好感，而沈良却通过平衡的原则与圆滑的个性赢得了更多的尊重。所以，圆滑的人往往比其他人更受欢迎，更能赢得别人的好感。

从某种意义上说，不圆滑是对原则的坚守，也可能是一种不肯为他人考虑、不顾及别人的感受的狭隘。而圆滑，不是滑头，更不是投机取巧，它是一种在通晓人情世故后做出的合理周到的人事处理方式。一个人，在不违背自己原则的前提下，懂得去照顾别人的情绪，这又何尝不是一种有修养的处世之道呢？

没原则的人只会让人敬而远之

萧香刚进公司，就被安排到孔天的手下实习。孔天是一个好经理，更是公司里出了名的“老好人”，见人说人话，见鬼说鬼话，绝对不会得罪任何人，看起来在公司人缘最好。老总出去和别的公司谈判，总是喜欢带着他，因为他总能很准确地抓住每个人的兴趣点，和对方展开一场愉快的聊天。

萧香很羡慕，她个性内向，总觉得那些能和别人打成一片的人很厉害，于是不知不觉间，一言一行都模仿着孔天。但是，萧香很快便发现了一个事实——公司里的重大决策，孔天从来都被排斥在外。

有一次，公司有两个重要的项目要做，但是两个项目的负责人都不肯让孔天加入他们，虽然提出的理由都很官方，无非是人员已经够用或者用原来的团队默契更好，但是，萧香还是嗅出了一些不寻常的味道，孔天是被他们排斥在外的。

是因为孔天表现太出色了吗？显然不是。后来一位同事向她一语道破缘由：孔天太滑头了，没有人敢信他。那一刻，萧香恍然大悟。

没错，孔天的确人缘很好，但是他那种什么人也不敢得罪的做法，却也说明了他的立场十分模糊，让人捉摸不透。而一个团队，需要的是所有的人都能同心同德，没有人希望有一个模棱两可、难以捉摸的人存在，所以孔天才会被大家排斥在重要项目之外。

圆滑是有原则地协调人际，是情商高的表现，而滑头则是人际交往里的粉饰高手。滑头的人不肯得罪人，喜欢讨好对自己有用的人，遇到问题不表态，见风向不对立刻随风摇摆，无论是从道德还是品行上来说，都令人不齿，智者自然会敬而远之。

面面俱到又不失诚恳的人最受欢迎

在几位表兄妹之间，薛郁最佩服的人便是表姐董谊了。董谊虽然是商专毕业，学问一般，但是说话做事很有一套，夸起人总能夸到对方心坎里，让人喜不自禁；而她批评人的手段更为高超，打一巴掌再给颗糖果，总能让人乐于改进。口才出众的董谊自然是亲戚朋友中间最受欢迎的人。父母也经常叫薛郁多跟表姐学学，但是薛郁却怎么都学不会，他习惯于踏实诚恳，实在说不出那么多的花言巧语，当然，薛郁也不是全然不懂人情世故，他也会顾及别人的感受。

公司年终聚会时，大家都抢着向总经理敬酒，畅谈自己的规划，希望能得到总经理的赏识，但薛郁却只是一个人静静地坐在角落里，一是因为他对酒精过敏，喝不了酒；二是因为他不想去凑那个热闹，硬是要劝别人喝酒。可是逐桌敬酒的总经理还是走到了薛郁面前，硬要为他添酒，薛郁连忙解释自己酒精过敏，尴尬地举起装着开水的杯子和总经理喝了一杯。

事后，薛郁心里很忐忑，他硬着头皮给总经理的手机发了一条短消息，“总经理您好，我是薛郁，因为酒精过敏，今天没能喝酒，以后我会用业绩来弥补，只要您交代的事情，我必倾尽全力……”

从此以后，但凡饭局，总经理依然会给薛郁倒酒，只是不再劝他喝酒，而是让薛郁身边的人帮他喝下。薛郁很感动，他也明白了那些高层主管并非小心眼，在他人面前耍滑头远不如诚实地说出一切。有时候，诚实才是赢得好人缘的根本。

管理大师曾仕强曾经以古钱币来形容人生智慧，他说：“做人就应该如古币，外表圆润，内心方正。从外在来说，通晓人情世故，与人为善；从内在来说，心中自有尺度，坚持自己的原则和立场。这就是一种外圆滑内方正的处世智慧。”外圆，让我们在人际关系中进退有度，免于树敌，赢得好人缘；内方，让我们勿忘初衷，恪守原则，赢得尊重。平衡圆与方，才是人生的大智慧。

- 处事圆滑、将心比心的人，往往比其他人更受欢迎，更能赢得别人的好感。
- 与其在他人面前耍滑头，不如诚实地说出一切。有时候，诚实才是赢得好人缘的根本。
- 外圆，让我们在人际关系中进退有度，免于树敌，赢得好人缘；内方，让我们勿忘初衷，恪守原则，赢得尊重。

07 热情型：会说，更要会听

过分的热情，往往会让人怀疑另有所谋。我们在生活中总会遇到一些“热情”的人，初次见面，他们便会嘘寒问暖，接着便会问到一些结婚、房地产之类比较私人的问题，让人无所适从，甚至反感。仔细想想，你有没有做过过分热情的事情呢？

你是一个直率开朗、乐观活泼的人，你思维敏捷、心直口快又不乏幽默，你兴趣广泛、多才多艺、创意丰富、点子多多，不论走到哪里都是引人注目的焦点。在大家眼中，你是开朗幽默的乐天派，更是热情洋溢的万人迷。但是，同时你也有些情绪化，做事虎头蛇尾，经常是“三分钟热度”，因为过于追求多样的选择，常常让人感觉你对感情不专一或者不成熟。

别让你的热情变成他人不堪承受的负荷

艾咪是一个很热情的女孩，有哪个同事需要帮助，她总是毫不犹豫、笑眯眯地伸出援手，同事们对她的评价很高。

新同事上班，艾咪会第一时间上前嘘寒问暖，问新工作习惯吗，上班路上有没有塞车，有什么需要帮助的，等等。如果新同事遇到什么困难，她也会迅速提出办法或意见。

久而久之，艾咪成了办公室里最受欢迎的人。办公室里的马旷有次让艾咪帮他买咖啡，结果立刻遭到了全体同事的围攻：

“别欺负艾咪姐！”

“艾咪姐帮你的还不多吗？买咖啡这种小事你自己不会做吗？”

“你还是不是男人？”

差点被大家的口水淹没的马旷立刻投降，跑到楼下帮办公室里的每一个人都买了一杯咖啡，才平息了这场“民怨”。

艾咪的热情源于她的热心，她家境好，孩子又大了，心里的那股热情便宣泄到办公室里那帮年轻人的身上。她知道同事樊琪家境不好，母亲还常年生病，于是便经常设法不着痕迹地帮助她。比如艾咪见樊琪总穿着一件旧裤子，于是就旁敲侧击问到樊琪的尺码买来了两条新裤子，还推说是给妹妹买的，谁知尺寸买小了，不能穿，便送给樊琪了。得知樊琪租住的地方太过拥挤、环境差，艾咪又将自家的另一套房子便宜租给了樊琪和她的室友。

艾咪对樊琪的帮助不少，但是不知道为什么，艾咪发现樊琪对她的态度从最开始的感激变成了疏离，她似乎总是躲着她。艾咪一开始觉得自己可能想多了，但是有一次她无意间听到樊琪讲电话的内容，才确定了樊琪在疏远她的事实。电话这头的樊琪似乎在劝一个人，她对着电话里说：“……你看看我就知道了，艾姐对我太好，好得我现在都不知道该怎么面对她了……”

艾咪事后并没有询问樊琪，她开始找樊琪帮一些小忙。过了一段时间，樊琪终于回复到了原来的样子，艾咪与她又成了亲密的同事与朋友。

为什么艾咪的热情却成了樊琪的负担呢？因为对一般人来说，总是接受他人的施舍，而自己却无法回报，心理上就会感受到不平衡。后来，艾咪不断地向樊琪求助，樊琪如释重负，才终于感觉自己有了与她站在同一高度对话的机会。

心理学家霍曼斯曾经说过，人与人的交往本质上是一种社会交换，与市场上的商品交换遵循着同样的原则，即人们都希望在交往中得到的不少于所付出的，但是如果得到的远大于所付出的，心理也会陷入失衡状态，让人无所适从。当他感到所得到的支持、信赖、热情没有机会回报，心中的愧疚感便会促使他远离那个付出者。

所以，如果你想拥有一份历久弥新的友情，还是要给彼此留下适当的空间；如果你希望能够帮助别人，也要给别人回报你的机会，别让他人因为心理压力而与你疏远。

热情要真诚，否则只会沦为虚伪

某国际日系品牌高薪招聘地区销售经理，应征者趋之若鹜，经过层层选拔，杨瑜和雷丽进入了最后的一轮面试。主考官的考题很简单，谁能在一天之内卖出最多的商品，谁就可以担任地区销售经理。

来到专柜，杨瑜很热情地招呼客人。一位女士刚到柜台前，杨瑜便拿出面霜热情介绍，告诉她这是本季最新款的面霜，纯天然配方，不刺激皮肤，还擦在女士手上，让她试用。可是女士只是讪讪地笑着，最后依然婉言谢绝了。

而雷丽则一直微笑着站在柜台里，偶尔会向顾客询问一句:“需要我帮您介绍一下吗？”如果客人表示只是随便看看，她就微笑示意客人慢慢看，有需要再找她；如果客人看中了一款商品，她便会认真为顾客讲解，还根据顾客的皮肤状况做出中肯推荐，直到顾客选中心仪的商品，满意离去。

一天下来，雷丽的销售额是杨瑜的两倍，她自然也得到了地区销售经理的职位。在销售时，杨瑜的热情显然远胜过雷丽，但是客人却更中意到雷丽那里购买商品，为什么会这样?

原因很简单，杨瑜的热情太过功利，让原本只想享受购物乐趣的顾客感受到了压力。而雷丽，则总是在消费者需要的时候及时发声，热情服务，耐心回答，客观推荐，像朋友一样给消费者带来自然舒适的消费体验。

商品销售如此，人际交往亦然。我们在生活工作中总会遇到一些“热情”的人，初次见面，他们便对你嘘寒问暖，给人很热情的感觉，但是很快便会问到一些结婚、房地产之类比较私人的问题，让人无所适从，甚至反感。或许这个热情的人只是随意找了一些话题聊天，以拉近双方距离，缓解陌生感，但是，“无事献殷勤，非奸即盗”，过分的热情，往往会让人怀疑另有所谋。仔细想想，你有没有做过过分热情的事情呢?

其实，归结到根本上，还是那句话，人与人之间应该保持一定的距离，你跟谁都想迅速打成一片，结果跟谁都无法成为朋友；人前看似好得一塌糊涂，转过身来别人根本就没把你放在心里。

真正的朋友，不应该很多，把心思用在与你志趣相投的朋友身上，别掩盖自己的缺点，也不要隐藏自己的好恶，以真面目待人，才能给人真实而不虚伪的印象。一个完美到没有缺点的人，只会给人不真实或虚伪的感觉，难以交到真正的朋友。当然，热情的确是你的优点，在人际交往中可以让你迅速拉近与对方的距离，善用个人优点，保持适当距离，以点到为止的感情及态度与人相处，才能走得长长远远。

- 一个完美到没有缺点的人，只会给人不真实或虚伪的感觉，是难以交到真正的朋友的。
- 想要帮助他人，也要给他人回报你的机会，若是一味地付出，容易给他人造成心理压力。
- 过分的热情，容易让人觉得你另有所图，所以与人相处要懂得保持距离。

Chapter 7

依个性建立理财观，让自己财务自由

- 节俭型：最好的省钱方法，是赚钱
- 活在当下型：改变消费习惯才能实现财务自由
- 挥霍型：制订理财计划，从存钱开始
- 保守型：所有的问题都只是因为“过度担心”
- 投资型：财务稳定最重要
- 开放型：享受生活，更要计划未来

我们为什么要理财？因为这样，我们才能维持生活质量，做自己想做的事情，实现自己的人生梦想，过自己想过的生活。但是，财富累积除了需要勤奋努力外，更要根据自己的性格、习惯改变消费行为，制定专属的理财方案。下面就来看看怎样的理财方式最适合自己吧！

亲爱的你，要知道“你不理财，财不理你”，
想要财务自由就请开始理财，
这是你必须正视的问题。

01 节俭型：最好的省钱方法，是赚钱

看着别人出门轿车代步、入住洋房别墅、使用最新型手机、每年数次国内外旅行，而你却还在挤公交车、租房子、因没钱送父母一件心仪的礼物而烦恼，心里怎么可能不感慨。对你来说，最好的省钱方法，是赚钱。

你是一个脚踏实地的人，生活质朴，会用钱，更会省钱，你对每一分钱都有详细的规划，不会把钱乱花在玩乐上。在外人眼中，你是一个“小气”的人，有时会为了省钱花掉许多时间。在理财方面，你喜欢把多余的钱存入银行，也因此失去了更多赚钱的机会，所以，改变一下你的观念，会对你的财富累积大有帮助。

别让自己陷入穷人思维

瑞香是一家会计师事务所的职员，工作一般，收入一般。她的理想是成为一名大型企业的 HR，每次好友问起她的近况，她总是一边抱怨着工作的忙碌，一边玩着手机上的游戏，说自己根本没时间去看书。

有一次，好友董新来看她，瑞香决定下楼买菜，为董新

做一顿大餐。楼下就是菜市场，可是董新左等右等，半个小时过去了，瑞香还是没回来。董新去找她，却发现瑞香正在楼下跟卖西红柿的老板争执。原来，瑞香去买西红柿，听了老板的报价瑞香觉得太贵了，就让老板便宜点，还说周围的人都比他卖得便宜，但是老板不同意，说自家番茄比别家的好，结果两个人就为2台币吵了起来。双方都不肯妥协，争执得面红耳赤。董新连忙上前拉走了瑞香。

瑞香又到了另一个摊位前，开始了新一轮的砍价，直到以更便宜的价格买到一斤西红柿，才露出得意扬扬的笑容，嘴里还说："幸亏没在刚才那家店买，现在又省了1台币……"

听着瑞香一路走一路说，董新才知道，瑞香手里拎着的肉是从一公里外的另一个菜市场买来的，因为那个菜市场的肉比楼下的市场要便宜一点儿，而蔬菜价位就差不多，所以她先去外面的菜市场买了肉，再到小区楼下买菜，因为这样可以少提一段路，省下不少力气。

董新看着瑞香那得意扬扬的样子，忍不住暗暗叹息，一个脑子里整天都在为了省几块钱苦苦思索的人，怎么还能有时间去思索怎么赚钱？一个总是在浪费时间抱怨没有时间的人，这辈子恐怕也只能庸庸碌碌地做个小职员了。果不其然，三年之后，瑞香还是住在租来的房子里，整日抱怨着没有时间，老板又不肯给她加薪水。

瑞香的失败，就在于她的思维总是围绕着如何省钱，而不是如何去赚钱。整日过着节省的生活，一切以省钱为核心，结果反倒浪费了太多的时间和精力，没了心情和时间去读书、去提升自己。

有人说，你把时间和精力用在哪里，就会在哪里看到成绩，但是肆意浪费时间只会让自己更习惯于浪费时间。世界很现实，世界很残酷，你用穷人的思维去生活，那便很难成为富人；你用富人的思维去生活，就算没变成富人，至少也不会穷到哪里去。下面我们就来聊聊何为穷人思维、富人思维。

穷人习惯用时间换金钱，富人则以金钱换时间。

穷人吃葡萄先吃小的酸的，后吃大的甜的；富人则先吃大的甜的，后吃小的酸的。

穷人保守，不敢冒险，做事瞻前顾后；富人想到就做，看准就全力以赴。

穷人小事镇定，大事忐忑；富人小事自信，大事也有主见。

穷人习惯省钱，不肯花钱提升自己；富人总能把钱花在更有价值的地方。

穷人想得多做得少，富人想得少做得多。

穷人死要面子，富人不拘小节……

穷人之所以为穷人，虽有很多现实的无奈，但他们的思维方式也“功不可没”，他们总是对现状充满不安，又觉得未来充满了太多的不确定性，所以他们重视当下，把能够抓住的东西都抓在手里，而对那些需要长期付出、却充满变数的不确定收益心怀警惕。

这种根深蒂固的思维真的无法改变吗？并不是，其实只要肯转变一下观念，或许不能很快见到效果，但人生的走势会发生变化。

扭转穷人思维，最关键的一点，就是把时间用来投资、提升自己，这样才有机会结识更多优秀的人，接触到更多的信息。有了人脉和信息，财富累积的速度就会快得多。

入不敷出时，就要懂得开源节流

提升自己的第一步，就是得有经济保障。也许初入社会时我们并没有什么资本，没有一份好工作，收入也是微乎其微，但越是在这种情况下，越是要为自己做好规划。在做好工作的同时，你有两种途径来增加收入：一是利用你的优势，二是利用你的兴趣。

利用优势赚钱，这个很好理解，如果你有高挑的身材、漂亮的容貌，可以去做模特、空姐；如果你口才不错，可以做业务、司仪。利用兴趣赚钱，做自己喜欢做的事情，效果往往更好，很多人都是把自己的兴趣做成了事业，如比尔·盖茨、拉里·佩奇等。当然，事情总要一步一步来，先找出自己喜欢做的事情，不求回报地去做，不经意间你就会有所收获。

比如你的文笔还不错，又喜欢写东西，就可以在网络上发表文章，或许一开始不会有收入，但是累积到一定程度，文章被更多人看到时，收入便可能以几何等级增加。又或者，你很喜欢上网购物，那么可以尝试开一个网店，经营几年，也会看到收益。

卞昂是一家公司的人力资源部主管，酷爱PPT，经过疯狂学习，渐渐能把PPT做得有模有样。后来他开始在网络上分享经验，被一家培训学校看中，成了兼职的PPT讲师，每个月都有了固定的外快。但是卞昂的PPT之路并没有就此停止，他把自己这些年研究PPT的心得写成了一本书，不但让他收获了一大笔版税，还打响了名号，经常获邀参加分享会。在那里，他认识了更多的业内大人物，学到了推广技巧，发现了更多赚钱的门路。后来，卞昂在网上开店，专接PPT的活儿，也卖范本，收入已远远超过本职工资。

其实，仔细梳理一下你会发现，卞昂对自己的职业规划并没有很清晰，他只是一直在做自己感兴趣的事情，做着做着，就有了许多的意外收获。

- 把时间和精力用在哪里，就会在哪里看到成绩。肆意地浪费时间只会让自己更习惯于浪费时间。
- 你用穷人的思维去生活，那么便很难成为富人，你用富人的思维去生活，就算没变成富人，至少也不会穷到哪里去。
- 人生总是充满着变量，静下心来，把时间花在提升自己身上，去做些你擅长或感兴趣的事情，别带功利性，总有一天，你会有更多的收获。

02 活在当下型：改变消费习惯才能实现财务自由

你是一个有个性又有品位的人，追求有质量的生活，所以你购买的东西价位都偏高。你没有什么理财的观念，也没有什么长远的规划，你觉得钱就是赚来花的，但是，“你不理财，财不理你”，从现在开始，你应该选择一种适合自己的理财方式。

理财的关键一步：养成记账的习惯

当你下定了决心要理财，那么接下来要做的，就是开始记账。

你觉得记账是一件很烦琐、很浪费时间的事情？不，每天记账花费的时间绝不会比你浏览一篇新闻的时间多，但是这对理财却有着关键的作用。

记账可以帮你总结消费习惯，学会预算管理。很多女生都喜欢买东西，看到自己喜欢的东西就要买买买，衣服、鞋子、包包、化妆品、路边摊上好看但不实用的小物品等，心血来潮也要买，心情不好更要买，结果呢？冲动性购物让你的家里多了许多东西，但真正合用、常用的却很少，很多衣服甚至一次都没有穿，就过季了。

如果你把消费在这些物品上的账目都记录下来，就会发现，原本你可以省下很多钱去买一些更高质量、更适合你的东西。根据你的消费习惯，你可以发现自己在哪些方面可以节省，更有计划地去花钱。做好了预算管理，生活质量不但不会下降，还有可能提升。

此外，记账还能让你更清晰地了解自己的可支配资产构成，每个月你尽量去省，总可以省出一笔钱，这笔钱怎么投资，都可以好好计划。

记账也有一些小技巧可以遵循，现在网络上有不少记账APP，可以让记账更为省力。每次记账，都要记住务必让账目分毫不差，实在记不清的，就归入其他类，这样就避免了乱账的出现。如果你的记忆力不是太好，那么尽可能刷卡消费，届时只需打开网上银行，自己的支出状况便能一目了然。如果能坚持记账两个月，那么你就可以为自己制订一份简单的财务指标了。财务指标应有以下内容：

1. 消费比例

计算方法：消费比例＝月支出／月收入 ×100%

消费比例越低，结余越多，实现财务自由的概率就越大。当然，消费比例并非越低越好，还是以不影响生活质量为前提。一般来说，控制在40%以下比较理想。

2. 储蓄比例

计算方法：储蓄比例＝（月收入－月支出）／月收入 ×100%

储蓄比例反映了你的净资产增加能力，比例越高，你的可支配资产越多，实现财务自由的可能性就越大。一般来说，储蓄比例不能低于 20%。

3. 资产负债率

计算方法：资产负债率＝月末负债总额／资产总额 ×100%

资产负债率反映的是家庭综合还债能力，我们大多数人在购置不动产时都以按月还的方式进行，每月皆有负债，适当的债务额度并不会让我们感觉太大压力。

4. 紧急预备金倍数

计算方法：紧急预备金倍数＝流动资产（现金＋金融账户＋虚拟账户）／最近 3 个月支出平均金额 ×100%

一般来说，为了防止突发情况如失业、疾病等，紧急预备金倍数应大于 3。也就是说，你手中的流动资金至少可以保证未来三个月的开支，如果工作不稳定或收入不稳定，那么这个数值应该要大于 6。

当你对自己的财务指标了如指掌，再来适当调整资金分配，那么你的理财之路就会走得相当顺遂。剩下的问题就简单得多了，你只需努力提升自己、多多赚钱即可。

告别月光族，迎来人生第一桶金

孙甫月入新台币 7 万元，他的妻子郭雅月薪为 3.5 万元，每月他们需为双方父母交付养老生活费 2 万元，房租 1 万元，养车费用每月 1.5 万元，剩下的基本全都花掉，银行存款少得几乎可以忽略不计，所以他们连孩子都不敢要。郭雅和孙甫很苦恼，他们也希望能存够钱买房，生个小孩子，但是因为没有积蓄，什么都不敢做。

很显然，孙甫夫妇属于月光族，虽然收入都属于普通工薪阶层，但是很多跟他们情况差不多的人日子都过得比他们好。造成他们经济拮据的根本原因，就在于没有做好家庭的理财规划。

一般来说，车子属于消耗品，没有车子可以搭公交车、坐出租车，都比买车要省得多，买车加上养车的费用，消耗掉这个家庭很大比重的收入。从理财角度来说，买车是一个很不理智的行为。

那么这个家庭该怎么告别月光、走出困境呢？

第一步，先把汽车卖掉，然后以这笔资金购买基金，两年之后款项可能会增加 20%～30%，加上每月无须养车后剩余的 1.5 万，可以选择购买一个小一点的两居室住宅，这笔钱刚好可以做首付，然后每月支付贷款费用即可。

第二步，开源节流，为自己的消费做个清单，不买不必要的东西。然后多为自己充电，力争在工作上进一步发展，把结余下来的钱用来做基金定投。两年之后，就会存够生宝宝的住院费以及宝宝的奶粉、纸尿裤等开销。如果家里长辈身体还健康硬朗，那么可以请父母帮忙带孩子，就可以省掉一笔请保姆的费用。

很多时候，我们不做理财规划，钱就不知不觉地全都花掉了，但是真的决心开始省钱，也是能省出来的。或许有人说，我不想因为要省钱便降低自己的生活质量，但是仔细想想，年轻时候吃一点儿苦，总比年老时吃苦来得好吧。再说，即便是你要开始理财，只要合理安排，也并不意味着你的生活质量会随之下降。

理财第一步，你得想清楚自己长期和短期的理想生活是什么，如果要实现它，你的财务距离还有多大。第一年的计划，如果是你希望自己能够存到一定数目的钱，那么每个月就应该存到这笔钱的1/12；第二年的计划如果是存够购房首付，那么就要在存钱的基础上再做投资……

终有一天，当我们无须为生活开销发愁，无须为赚钱而工作，你的资产产生的被动收入超过或等于你的日常开销，那么就进入了财务自由的状态。财务自由，不需要很多钱，只要你可以从工作外的途径赚到足够你开销的钱即可——这就是我们理财的终极目标。

当然，理财刚开始的时候会让人觉得很受拘束，坚持不下去的时候，就想想知名投资人查理·芒格的那句话：“走到人生的某个阶段时，我决心要成为一个富有之人，这并不是因为爱钱的缘故，而是为了追求那种独立自主的感觉。我喜欢能够自由地说出自己的想法，而不是受到他人意志的左右。”

- 当你对财务指标了如指掌时，再来适当调整资金分配，那么你的理财之路就会走得相当顺遂。
- 设定每一阶段的人生目标，理财才会更积极，自己才能更清楚距离财务自由还要多久。
- 根据记账了解你的消费习惯，你可以发现自己在哪些方面可以节省，更有计划地去花钱，做好了预算管理，生活质量不但不会下降，还有可能会提升。

03 挥霍型：制订理财计划，从存钱开始

理财专家认为，用积极的态度选择性消费，会让人摆脱盲目消费的习惯。事实上，消费习惯的改变需要一个过程，需要不断地练习。比如去超市前，列出需要购买的物品清单，然后无视那些不需要的东西，你的钱会省下不少。

你是一个习惯于享受生活的人，及时行乐是你的人生信条之一，所以你不但是个月光族，还经常透支消费，今天用掉明天的钱。你不是不知道这样做的坏处，但总是自我安慰“车到山前必有路”，结果很容易陷入财务危机。关于理财，你中意风险大、收益高的理财产品。但是，你的理财，还是要从存钱开始。

怎样才能改掉挥霍的习惯

对于很多年轻人来说，拥有一张可以透支消费的信用卡无疑是一种缓解经济压力的好办法，但是如果只是贪图消费带来的快感，而不考虑自己的偿还能力，甚至以卡养卡，那么便很可能把自己的生活搞得一片混乱。

童雅来自台南，家境并不富裕，或许是出于一种补偿心理，开始工作之后，她对物质的欲望特别强烈：衣服要穿当季的名牌，包包也非名牌不买，日用品都要最好的。童雅的收入倒也不算微薄，但是比起她无上限的消费，实在是差得太多，常常是刚发下的薪水，一个星期就用完了，所以她经常向朋友借钱，然后下个月领了薪水再还。后来她的薪水根本连欠款都还不起了，朋友们都不肯再借钱给她。

为了维持自己的消费水平，童雅试图找一个金龟婿。可是那些她看上眼的人都看不上她，而看得上她的人，不是她不喜欢就是没有钱，经过无数次的尝试，童雅决定放弃。

后来，童雅开始疯狂地刷起信用卡，一张卡刷完了，就换另一张卡刷，没过多久，这种拆东墙补西墙的做法便撑不下去了，她的欠款太多，根本无力偿还。而信用卡累积性的计息方式，也让她的欠款像滚雪球一样越滚越大。直到银行将她告上法庭，童雅才惊觉自己的欠款就算自己不吃不喝，也得工作 5 年才能还清。

后来，年迈的父母卖掉了房子，终于还清了童雅的欠款，但是看着年迈的父母双鬓斑白还要在外租房，童雅真是悔不当初。

已然养成的消费习惯怎么才能改变呢？理财专家认为，用积极的态度选择性消费，会让人摆脱盲目消费的习惯。

看到心仪的包包打折就想买，看到一款汽车让利 5 万台币也想要，你习惯性地问自己：“我该不该买呢？”答案大多是要买的。但是如果看到心动的东西时问自己："买这件商品，是不是在我的预算金额内？我能不能花这笔钱？"答案大多是不买的，因为根本没有这笔预算。不要以为这个过程很简单，事实上，消费习惯的改变需要一个过程，需要不断地练习。去超市前，先把需要购买的物品列出清单，然后无视那些不需要的东西，你的钱会省出不少。

防止挥霍，最好的办法是什么呢？是"没有时间去消费"。如果你白天忙于工作，晚上忙于充电或兼职，那么就根本没有时间去消费，又能提升自己，这才是一举两得的好办法。

想理财存钱，你得学会断舍离

当然，我们让大家改变消费方式，并不是不让大家去消费，而是以理性的态度发挥金钱的效用。

日本杂物管理咨询师山下英子在她的书籍《断舍离》里推出了一种现代生活的新理念。她在书里提出，人们断绝不需要的东西，不买、不收取那些自己用不到的东西；舍弃家中堆放的多余的、很久都不用的东西；脱离对物品的迷恋，让自己处在宽敞舒适、自由自在的空间里。

很多人在这本书的影响下，对自己的居所进行整理，改变自己的消费习惯，结果生活果然轻松了很多。

把家从彰化搬到台中，菁菁的两个包裹在运输途中丢失了，里面包括她所有的衣服鞋子。这时她刚刚工作不久，付完房租后，身上已经没有多少钱了，但又不好意思开口向父母要钱，只能忍痛先挪用一半的储蓄买了一套裙子、一双鞋子，还有一件睡衣，过着断舍离的生活。

令她惊奇的是，一周之后，她开始觉得很轻松，因为每天无须再考虑穿什么衣服、配什么鞋子，反正就是两套衣服鞋子轮流穿，她也无须再为她的一大堆衣物找合适的衣柜和鞋柜。她的新家变得很空荡却也很舒适，一把椅子，一张桌子，一台电脑，一张床，一床被褥，就是她所有的家当。

简单带来的好处是，家务变得特别简单，她每天都有更多的时间去学习、去约会，生活变得精致许多，更令她惊奇的是，生活简单以后，她感觉自己的心灵也轻盈起来。再回过头想一想，原来丢掉的那么两大包衣物里，能够让她想起来的，也只有那么几件，换句话说，原来那么多的衣服里，她真正喜欢、真正需要的，也只有那么几件而已。

从此以后，菁菁每次再想去买东西，便会问问自己："不买这件物品我的生活会不会受到影响？如果丢了，我会不会想起，会不会难过？"只有得到的答案是肯定的，她才会买下来。以前心情不好的时候，菁菁总是习惯性地去商场，现在的她，更热衷于整理旧物，因为重新发现旧物总是会让她回想起过去的美好，感觉比重新购买还要美好。

从曾经的被物质绑架生活，到现在的享受断舍离的状态，菁菁不仅仅省下了大笔的金钱，还让自己从挤满的柜子、凌乱的房间里解放出来，真正感受到快乐，赚回了一个好心态。

其实，选择断舍离的生活状态与金钱的关系并不大，一位摄影师跟随史蒂夫·乔布斯拍摄了他从1989年到2010年在不同场合的照片，时间跨度长达20多年，照片中的乔布斯容貌和身材都在变化，但是不变的是他的穿着——永远的牛仔裤和永远的黑上衣。

Facebook（脸书）创始人马克·扎克伯格也曾在Facebook上展示他的衣柜，里面清一色地挂满了一模一样的圆领灰色短袖T恤和黑色外套。马克·扎克伯格说："每天思考吃什么、穿什么这类小事，不断重复就会消耗能量，这样会令我感觉到自己没有在工作……"

史蒂夫·乔布斯和马克·扎克伯格选择断舍离是因为没有钱吗？当然不是，只不过他们不肯让多余的物品占据自己的生活空间和时间，避免了自己被物质控制。

现在，试试不一样的生活，你会发现自己的生活和经济状况都会好转，也许人生便会进入到另一阶段。或许在不久的将来，你也将拥有自己的财务自由。

- 防止挥霍，最好的办法是什么呢？是“没有时间去消费”。
- 学着丢弃被物质绑架的生活，享受断舍离的状态，不仅可以让你省下大笔的金钱，还可以让自己从拥挤的柜子、凌乱的房间里解放出来，真正感受到快乐。
- 断绝不需要的东西，不买、不收取那些自己用不到的东西；舍弃家中堆放的多余的、很久都不用的东西；脱离对物品的迷恋，让自己处在宽敞舒适、自由自在的空间里。

04 保守型：所有的问题都只是因为“过度担心”

我们总是担心风险，总是觉得未来充满变化，总渴望生活在安全无压力的环境中，总觉得钱放在自己手里才最安全，却不知这个充满未知的世界里，还存在着一个吞噬我们劳动成果的恶魔——通货膨胀。

你是一个勤劳努力的人，也比较会赚钱，生活精打细算，却并不吝啬，该花的钱还是会花，但绝不会乱花。你最常用的理财方式是低风险也低收益的银行储蓄，有时也会买一些较为安全的保险、基金，不喜欢风险较高的理财投资项目。所以，你会有一定的积蓄，但与那些擅于理财的朋友相比，你的财富虽然逐渐增加，却远远赶不上别人的速度。你不是不苦恼，可是却不敢把自己的钱投到风险较高的股票、期货等项目里，坦白说，就是你保守的投资性格拘束了你的财富增长。投资必然有风险，如果总是因为担心亏损而选择较为安全但获利低的项目，距离财务自由的时间会变长。

保守投资，财富也只能保守增长

萧卓夫妻都是在一般企业担任基层职员。5 年前结婚时，也想过要购买一套两居室的房子，但他们手中的存款还差一截，也曾经动过向亲戚借钱的念头，只是一想到还房贷的压力，还是放弃了。他们乐观地认为，夫妻俩都能赚钱，再过两年，经济压力减轻，付了首付款之后，应该还能再剩余一点儿，这样每个月都能轻松还贷款了。

但是，计划永远赶不上变化，在之后的两年，萧卓夫妻的薪资的确有所增长，他们银行的储蓄也在慢慢增加，但是房价也在涨。这时他们发现，自己的积蓄依然不够付首付款，无奈之下，只能暂时买了一套一居室的房子居住。而两年前买房的朋友已经摆脱了最初的窘迫，每个人轻轻松松地支付房贷。

直到现在，萧卓夫妇还在为 5 年前的犹豫后悔，如果他们当初肯吃一点儿苦，大胆一些，咬牙买下两居室的房子，也不至于现在一家三口挤在狭小的一居室里了。

我们总是担心风险，总是觉得未来充满变化，总渴望生活在安全无压力的环境中，总觉得钱放在自己手里才最安全，却不知这个充满未知的世界里，还存在着一个吞噬我们劳动成果的恶魔——通货膨胀。我们辛辛苦苦存下来的财富，在不知不觉中被稀释、被摊薄……

报纸上曾报道过一位女士年轻时，他的父亲在银行存下一笔巨款，后来父亲突然去世，这笔巨款就一直搁置在银行。20 年后，“巨款”重见天日，但是原本可以购买两套房产的存款，竟然已经连一套小房子的首付款都不够了。

保守投资，短期内你的感觉是钱一直在增加，但是实际上，拿到市场上去用，就会发现这些钱“变薄了”，购买力实际上是在降低。

这么说好了，并不是说保守投资不好，事实上，保守投资在规避金融风险方面当然胜于冒险激进，与很多“日夜仰望马上将，不见脚下万骨枯”的人相比，你的稳健显然是一件好事。但是，如果你存钱的速度赶不上通货膨胀的速度，那么你就得开始思考一下自己的理财方式是不是出现了问题，在你的资本达到一定程度的时候，就应该以积极的态度参与投资，至少确保自己的财富增长速度要超过通货膨胀的速度。

总结经验，让自己适当地冒一下险

志方出身小康家庭，靠着自己的努力买了车、买了房，过着还算舒适的日子。32 岁时，他有了一笔 30 万的积蓄，他不想把这笔钱放在银行，但买股票、选期货，他又实在没什么经验，这时他想起了老同学郑海。郑海是一个资深股民，后来又做期货，在投资上颇有自己的一套见解。志方向郑海道出自己的难题，郑海仔细地帮志方分析了一番，让他将 20 万投到银行理财，5 万留作紧急预备金，另外 5 万可以购入一家稳定配息的基金，然后多看看金融方面的书籍，有了一定心得后可以开始尝试做股票。

按照郑海的规划，一年后志方的资产实现了小幅增长，下一年他计划在股市中投入小额资金试试水，毕竟学了一年的金融，还是要靠实践来验证。

保守型理财人，适合的理财项目一般有银行理财、基金、保险等。这其中，银行理财无疑是最保险、最可靠的理财形式，但是选择银行的理财产品收益相对较低，而且需要资金较多，存款不多的人不适合使用这种理财方式。

基金也是一种较为保守的理财方式，基金的门槛比较低，很多人都可以参与，而且基金是由专业人士操盘，无须投资者投入时间和精力，适合较为忙碌的人。但是基金收益也比较低，每月花费数千元买基金，都要坚持三到五年才能看到成效，所以，资金流动性大的人比较不适合买基金。

第三种为保险，有人觉得保险不能称得上是一种理财专案，因为保险资金封闭的时期比较长，但是保险同样是保本收益，而且相较其他理财途径，保险更多了一份保障，当意外来临，保险可以将经济危机适度化解，家庭里也应该有一定比例的保险投资。

投资理财，还需要把握几个原则：

1. 如果你没有什么经验，眼光也一般，那么还是要多在保守型理财产品上着手

投资风险大的激进型理财产品如股票、期货等，风险较大，投资需要慎重。在现今全球整体经济环境不太好的情况下，建议大家多考虑保守型理财产品。

2. 二八分配，适当激进

如果你对股票、期货有自己的一些见解经验，手中又有一笔闲置的款项暂时用不到，存在银行又担心贬值，可以考虑以二八比例分别投入激进型理财产品和保守型理财产品上，这样的投资较为稳妥。

3. 永远别有靠理财生活的想法

真正能靠期货、股市、房产等投资养活自己的人是极少数，你没有巴菲特、索罗斯的眼光，就别指望靠投资发财致富，好高骛远，幻想“不劳而获”，最终只能损失惨重。

4. 多多学习

理财是一门既高深又简单的学问，说高深是因为它充满变量，说简单是因为它也有一定的规律可遵循，在没有经验时，多向有经验的人请教，选择比较专业、权威的学习资料，多观察，多研究，在累积了一定经验时再慢慢尝试，以稳妥为先，毕竟赚钱不易，应当且行且珍惜。

- 保守投资在规避金融风险方面当然胜于冒险激进，但是，如果存钱的速度赶不上通货膨胀的速度，你就得开始思考一下理财方式是不是出现了问题。
- 在你的资本达到一定程度的时候，就应该以积极的态度参与投资，至少确保自己的财富增长速度要超过通货膨胀的速度。
- 投资必然有风险，找出适合自己个性的投资项目尝试看看，以免你辛苦存下来的积蓄，在不知不觉中因通货膨胀被稀释、被摊薄……

05 投资型：财务稳定最重要

在累积到足够多的资本之前，建议保持理性，把钱投在稳定性较高的储蓄、货币基金等保守投资项目上，把精力用在为自己增值、提升自己的赚钱能力上。等到资产累积到足够程度，收入也比较稳定时，再开始分散投资，财产自然能够得到稳定增长。

你是一个很理性的人，会井然有序地把生活和工作分开，既会赚钱，又懂得享受生活，注重生活质量。你对金钱感觉敏锐，热衷总结理财经验，相比储蓄，你更青睐于投资。你的财富累积会稳中有进，但有时投入的金额比例太大，很容易让自己陷于被动，所以，当下对你而言，财务稳定才是最重要的事情。

切忌急功近利，初期以累积为主

吕逸是会计专业毕业，兼修金融，对投资有着一定的了解，大学毕业之后，因为缺少经验，吕逸并没有找到理想的工作，最后进入一家小公司当出纳，收入微薄。一心一意赚大钱的吕逸并不把工作当回事，他把大部分心思放在投资上，第一个月的薪水一发下来，吕逸就把钱投入股市，没过几天，他买的股票大涨，不过因为本金太少，吕逸也只是小赚一笔。即便如此，吕逸还是由此肯定了自己炒股的想法没有错，所以往后的每个月，除了生活必需的开销，他把所有的薪水都投进了股市。

但是，投资必定有风险，吕逸不是每次都有好运气，他买的股票也曾数度被套牢，幸好每个月还有薪水可领，吕逸的生活不成问题。三年之后，更大的灾难临头，一次股灾之后，吕逸赔光了所有的钱。

吕逸焦虑得一夜之间长了满嘴的水泡，但是一切都已经无可挽回。无奈之下，他只能开始新一轮的存钱，可惜的是，股灾过后，经济萧条随之到来，吕逸又失业了。

他不得不开始重新找工作，但是把所有精力放在投资上的吕逸，自从毕业之后就一直没想过进修，从事的都是最基础的工作，薪水较低。吕逸无奈之下，只好降低薪水要求，去了另一家公司，继续从事出纳的工作。而此时，那些曾经的大学同学已经有不少人拿到了会计执业资格证，领着不错的薪水，还有一位同学成了会计师事务所的合伙人。

曾有一位企业总裁在高校演讲时这样说："对年轻人来说，最好的投资，就是投资自己。"资本市场是一个残酷的市场，想在这个市场站稳脚步，不但需要一定的经验，还需要付出大量的时间和精力，而且在没有雄厚的资本支撑时，你的投入即便获得10%以上的投资收益，也不及你把时间精力投入到自我提升中，一次薪水增加或者职位晋升就远胜过在投资上所获得的回报，而且相较投资市场而言，个人的才能是永远不会贬值的。

所以在累积到足够多的资本之前，我们建议大家保持理性，把钱投在稳定性较高的储蓄、货币基金等保守投资项目上，把精力用在为自己增值、提升自己的赚钱能力上。等到资产累积到足够程度，收入也比较稳定后，届时开始分散投资，财产自然能够得到稳定增长。

分散投资，多和有经验的朋友交流

袁明和太太冯灵结婚 10 年，膝下育有一子，今年 8 岁。袁明是一家上市公司中层管理人员，月薪 8 万元新台币，妻子冯灵是一名中学老师，月薪 4 万，家庭每月支出在 4.5 万左右，他们计划等儿子 18 岁以后就送他到国外读书，以通胀率计算，10 年后出国留学的费用大约为 500 万。袁明一家现有活期储蓄 60 万，银行理财产品 240 万，以及价值 50 万新台币的基金。如何让现有的 350 万资产在 10 年后增加到 500 万，是袁明和冯灵考虑的问题。他们征询了一位投资圈朋友的意见，根据当下投资市场的情势，最后将家庭现有资产做了如下分配：

1. 将现有资产的 40%，也就是 140 万新台币投资于保守型理财产品，如定期存款、国债、货币基金等走势平稳的长期理财项目都可作为选择。

2. 将现有资产的30%，也就是105万投资于股票型基金，尽量以低风险博取一份不错的收益。

3. 将现有资产的20%，也就是70万投资于债券型基金，以可承受的风险获取较高的收益。

4. 将现有资产的10%，也就是35万用作紧急预备金，以备家庭不时之需。

资产这样分配，以每年10%的平均收益复利计算，10年后收益可达500多万，足以满足孩子出国留学的费用。

当然，不同的人要根据自己的实际情况进行资产配置，所以记账便成了资产管理的第一步。记账不但可以帮你看清自己的消费习惯，学会预算管理，还能让你了解自己的可支配财产构成，为以后的理财规划打下良好基础。

如果你已经工作一段时间，有了一定的积蓄，可以按照4321的标准来分配自己的资产及收入。40%的资产用于买房首付款及投资，30%用于生活开支，20%当作紧急预备金，10%购买保险。

之后随着你收入增加，用于生活开销的费用比例可以随之降低，紧急预备金、保险的比例也应随之调整，届时你用在买房首付款和投资的比例也会提高，你便可以在投资领域大展拳脚。但是无论如何，这四种资产配置都缺一不可。

投资，目前市场上以股票、基金、房产、黄金、期货、外汇、收藏等项目较多。这其中，台湾房产已经处在高位，不建议再进行房产投资，当然自住除外。

黄金是国际通行货币，抗通胀能力强，是一个不错的投资选择。基金也是家庭长期投资的一个重要项目，而储蓄则应做短期使用，活期储蓄账户里有半年的生活费即可。

而保险，是一种长远的打算，没有人可以确保自己一辈子无病无灾，所以购买保险不仅可以解决自己的事情，还能确保在意外发生时为家人提供保障，保险也应是家庭理财的一个不可缺少的项目。

股票、期货对个人的要求比较高，需要了解市场、有一定的眼光和洞察力，所以在没有充足准备的时候，不建议进行此类高风险投资。

别心急，别慌张，只要记账、储蓄双管齐下，再多问多听多看书，找出适合自己的理财方式，开源节流，就能累积你人生的第一桶金。

- 最好的投资，就是投资自己。个人的才能是永远不会贬值的。
- 在累积到足够多的资本之前，把精力用在为自己增值、提升自己的赚钱能力上，等到资产累积到足够程度，收入也比较稳定时，再开始分散投资。
- 如果你有了一定的积蓄，可以按照 4321 的标准来分配自己的资产及收入。40% 的资产用于买房首付款及投资，30%用于生活开支，20%当作紧急预备金，10%购买保险。

06 开放型：享受生活，更要计划未来

想累积你的第一笔资本，首先必须改变用钱的顺序，把之前习惯的“收入－支出＝储蓄”的模式淘汰，改用“收入－储蓄－必要支出＝非必要支出”，也就是说，薪水到手后，先把储蓄的钱拨出来，再去安排支出，这样就不必担心每月支出超额了。

面对生活，你是个很浪漫的人，生活态度也很梦幻。你对钱毫不在意，常常左手进右手出，只有在需要用钱或是觉得钱很重要的时候，才会进行储蓄。

由于你对金钱的运用漫不经心，所以经常容易弄丢钱包，借给别人的钱也常常忘记讨回来。这样浪漫的个性，导致钱财通常只是在你的手中过一下，然后便迅速溜走。

一旦遇到困难，你才会突然意识到自己根本没有任何积蓄，毫无经济能力来应对，这时痛苦、难过也会接踵而来。所以，不要等到急需时才后悔没有存钱，不要只懂得享受眼前的快乐，要将眼光放远，学会未雨绸缪，现在就替未来的自己做准备。

你希望未来享受什么样的生活，就必须从现在开始存钱，

越早越好！唯有更有计划地管理钱财，你才能够真正活得痛快、自在。

聪明地支出，让生活更美好

金洁，27岁，月薪5万新台币，工作之余，喜欢逛街、购物，热衷聚会、旅游，和许多未婚青年一样，是个月光族。在她的观念里，通货膨胀的年代，存钱不如花掉，趁着年轻就应该轻松愉快地享受生活，不然结婚后还得养家糊口，临老回忆起来，却连一段曾经的美好都没有，人生该是多么苍白！所以金洁一直奉行快乐至上的原则，从不考虑钱的问题。但是她的观念在遇到邹柔后发生了逆转。

邹柔与金洁年纪相仿，长相竟也有几分相似，她们第一次见面，就被大家笑称是“失散多年的姐妹”。金洁也觉得两人眉眼之间的确有几分相似，但是邹柔的衣着打扮却显然比自己更讲究，衣服的品位也比自己要高出不少。刚认识的时候，金洁以为邹柔一定是家庭富裕或者收入不菲，直到两人接触多了之后她才惊讶地发现，邹柔的家境和收入也与自己雷同，可是她的衣服、包包、化妆品都比自己高级许多，她的钱是从哪里来的呢？

后来，邹柔邀请金洁到她的家里做客，直到这时，金洁才明白了邹柔的秘密。

邹柔的家里，家具、装饰都很少，却让人感觉简洁大方，衣柜里整整齐齐地挂着衣物，丝毫没有拥挤的感觉。

邹柔好像看清了金洁的心思一样，主动和她谈起了自己的生活理念，邹柔买东西，都是遵从“少而精”的原则，只追求质量。她很少囤货，也几乎不光顾那些打折的店铺，比如买衣服，她如果看中了，就要试一试，问自己“是不是真的十分喜欢”“适不适合自己的气质”“日常穿着的概率高不高”，如果全部都是肯定的回答，她就会毫不犹豫地买下，即便这件商品价值不菲。因为她笃定，一件商品，贵总有贵的道理，买十件不适合自己的地摊货，不如买一件可以提升自己形象气质的好衣服，而且衣服也不用买很多，只要三套就足够更换。

此外，各种女孩子喜欢的、华而不实的小玩意儿，她也从来不会买，因为使用价值不高，摆在家里除了增加打扫的麻烦之外，并没有什么用处，所以虽然她买的都是价值不菲的高级衣物，但实际上总体花费并不多……

听着邹柔侃侃而谈，金洁想起自己的家，立刻脸红了。她的家里，永远有各式各样无用的小东西，衣柜里永远塞满各种不合身的衣服，包包鞋子一堆……这些都是她长久以来买买买的成果，她总是沉浸在购物的乐趣中，最后这些购物的成果却成了她的束缚。更令她震撼的是，邹柔如今已经小有积蓄，她正准备用这笔钱攻读一个学位。

趁着年轻享受生活，并没有什么错，但是消费也是要有计划的，把钱用在该用的地方，避免“泛而滥”的消费恶习，追求质量，既能享受生活，又能提升自己，何乐不为？

无论环境如何，都必须要强制储蓄

3年前，曹烨大学毕业，因为没有经验，他只能在一家小公司上班，月收入只有3万新台币，即便如此，他也要从中省下1万元。怎么省的呢？公司提供午餐，他在很远的郊区租房，便宜的房租、交通费和早餐及各种应酬，每月固定开销大约1.5万元，剩下的5000元用来置装或充实自己，虽然日子过得有点儿紧，但终归还是存到钱了。

曹烨一直保持这样的习惯，每次发了薪水，都要先拨出固定存款的部分，如果当月薪水多出奖金之类的他就会多存。他的想法很简单，将来结婚买房的时候，即便不能付清首付款，也能减轻一些父母的负担。随着曹烨的薪水增加，他的储蓄到3年之后已经有65万了，而且这些年，为了省钱，他总是自己煮饭，厨艺也突飞猛进，朋友们周末都喜欢到他家里聚餐。曹烨因此在家庭聚会上认识了自己的女朋友，虽然他们的收入都不高，但是生活理念契合，在一起节俭度日却很开心。

3年后，曹烨与女友论及婚嫁，他们用积蓄连同父母赞助的钱，买了一套宽敞的三居室，虽然每个月还要付房贷，但是住所自此稳定下来，生活也有了目标。

有人说，在教育上用心，时间会放大孩子的优点；在自己身上投资，时间会放大自己的才华；在金钱上用心，时间可以放大你的资产。事实就是这样，你把心思用在哪里，就会在哪里看到回报。

德国作家博多·舍费尔在他的童话书《小狗钱钱》里讲到一个金鹅下蛋的故事，故事深入浅出地点出了金钱的奥秘：金鹅是本，金蛋是息，鹅生蛋，蛋生鹅，当金蛋能够大于你的支出时，你就实现了财务自由。这其中的第一步，就是你首先得有一只鹅，也就是累积够一定的资本。

不要总觉得在通货膨胀的时代存钱是一件很傻的事情，不肯为自己规划未来其实是一种更不理智的行为。

累积你的第一笔资本，首先改变用钱的顺序，把之前习惯的“收入－支出＝储蓄”的模式淘汰，改用“收入－储蓄－必要支出＝非必要支出”，也就是说，薪水到手后，先把储蓄的钱拨出来，再去安排支出，这样就不必担心每月支出超额。

那么每月储蓄多少合适呢？如果你没有什么经验，一般建议先用“100%收入－20%储蓄－50%必要支出＝30%非必要支出”的规划；如果你有记账的习惯，也可以根据自己的理财分类做出更为合理的安排，储蓄的比例越高，存钱的速度越快，但是储蓄率不应该是唯一的追求，比储蓄更重要的事情是为自己增值及拓展人脉，这是让你财富累积加速的最佳途径。

- 你把心思用在哪里，就会在哪里看到回报。在金钱上用心，时间便会放大你的资本。
- 如果你刚开始存钱，建议先用“100%收入 -20%储蓄 -50%必要支出 =30%非必要支出”的规划。
- 购物要看价值而非价格，与其买10件不适合自己的地摊货，不如买一件可以提升自己形象气质的好衣服。